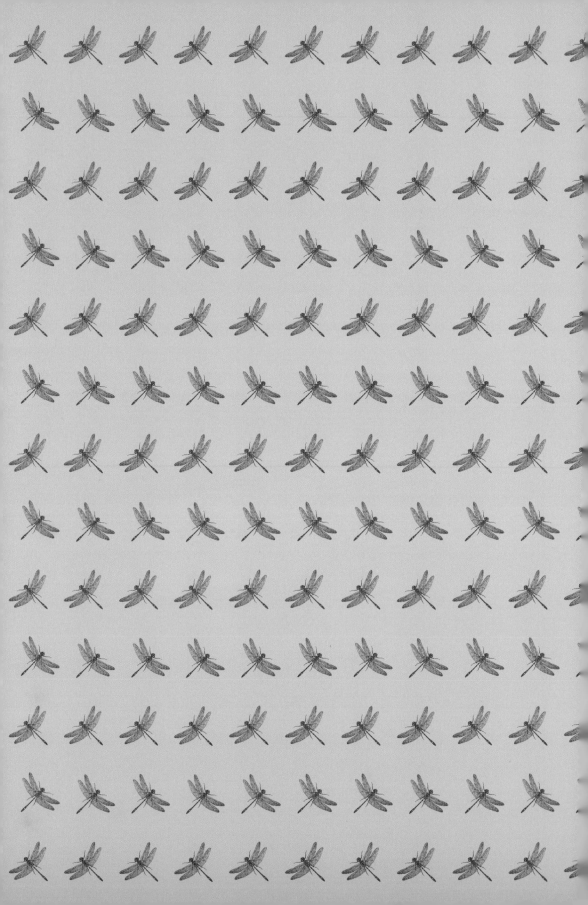

蜻蜓飞行日记

张浩淼　著

长江出版传媒

湖北科学技术出版社

图书在版编目（CIP）数据

蜻蜓飞行日记 / 张浩淼著 . —— 武汉：湖北科学技术
出版社，2019.4（2019.7 重印）
　（新昆虫记）
　ISBN 978-7-5706-0569-9

　Ⅰ.①神… Ⅱ.①张… Ⅲ.①蜻蜓目－普及读物
Ⅳ.① Q969.22-49

　中国版本图书馆 CIP 数据核字 (2018) 第 299612 号

蜻蜓飞行日记　 QINGTING FEIXING RIJI

责 任 编 辑　阮　静　胡　静
装 帧 设 计　朱赢椿　胡　博
督　　　印　刘春尧
责 任 校 对　陈横宇

出 版 发 行　湖北科学技术出版社
地　　　址　武汉市雄楚大街268号
　　　　　　（湖北出版文化城 B 座13-14层）
邮　　　编　430070
电　　　话　027-87679464
网　　　址　http://www.hbsp.com.cn
印　　　刷　武汉市金港彩印有限公司
邮　　　编　430023
开　　　本　710×1000 1/16 14.25印张
版　　　次　2019年4月第1版
　　　　　　2019年7月第2次印刷
字　　　数　245千字
定　　　价　49.80元

　　昆虫是我儿时的亲密伙伴，它们曾给我的童年带来过无穷的乐趣和无边的想象。我相信，很多孩童的日子，都是在这自然界精灵的陪伴下度过的。当这些孩子长大成人之后，昆虫这个世界会化为一个虚幻的梦，一段埋藏在他们心灵深处的记忆。

　　法国作家法布尔的《昆虫记》出版后风靡全球，点燃了无数人心中童年的梦。《昆虫记》熔作者毕生的研究成果和人生感悟于一炉，将昆虫世界化作供人类获取知识、趣味、美感和思想的美文，被誉为"昆虫世界的《荷马史诗》"。

　　昆虫界是大自然的一个重要有机组成部分，那是一个奇妙而神秘的世界。许多昆虫的个体虽小，但它们的群体展现出巨大的能量，无时无刻不在对自然界以及人类社会产生重大的影响。昆虫的种类众多，占整个动物界的2/3，庞大的数量使得其行为的多样性和创造性几乎无穷无尽。人类社会随时随地都要和昆虫打交道，我们每个人一生中可能要和20万只昆虫产生关系。听到这里，你可能要吓一跳，但事实确实如此。人类、昆虫、自然这三者的关系是极为复杂的，要学会和谐相处，首先要了解我们身边的昆虫。

　　湖北科学技术出版社出版的"新昆虫记"丛书既是对法布尔《昆虫记》的致敬，又是一次大胆的开拓和创新，大自然中常见的蝴蝶、蜻蜓、萤火虫、蟋蟀、蚂蚁、蚂蚱等昆虫构成了每本书的主体。丛书在几个方面都有突破和创新：首先，它立足于特定的昆虫类群，结合了现代化的观察手段和最新的研究成果；其次，它的写作形式新颖、多样，有散文、游记、科幻故事、童话，以人性观照虫性，以虫性反映社会人生；最后，它的文字清新自然、语调轻松幽默，内容与青少年的心理契合程度高，极具原创性、新颖性、趣味性，人文特色明显，不仅仅传播科学知识，更加注重科学思想、科学方法和科学精神的培养。

丛书汇集了国内昆虫界的一批年轻学者和昆虫达人，他们有思想、有朝气、有情怀，也是科普创作中的生力军和后起之秀。这套作品通过细致入微的观察和妙趣横生的故事，将昆虫鲜为人知的生活和习性生动地描写出来，字里行间无不渗透着作者对昆虫的热爱之情，很多昆虫的种类和照片都是第一次向公众展示。作品将昆虫的多彩生活与作者自己的人生感悟融为一体，既表达了作者对生命和自然的热爱和尊重，又传播了科学知识。

　　更让读者惊喜的是，此次出版社围绕纸质出版内容，搜集了精美的图片和相关的视频，并且为每种昆虫准备了真实生动的 AR（增强现实技术）场景，让读者通过扫描二维码或微信公众号就可以获得相关的资源，旨在把"新昆虫记"丛书做成一个融媒体的立体化项目。这是一个有远见的、大手笔的尝试。

　　希望通过"新昆虫记"这套丛书，吸引更多的人来认识昆虫、了解昆虫，并借此帮助人们认识神奇的大自然；让科学的光芒照亮青少年，让文学的雨露滋润青少年，让人与自然的和谐以及环保的意识融入青少年的血液；让我们这些年轻学者和达人一起，与自然界众多的平凡子民——昆虫，共同谱写的生命乐章，激发青少年到大自然中去探索知识，认识自然，从而尊重、热爱大自然，保护环境，保护人类的地球家园。

陈润生

全国昆虫学首席科学传播专家

中国昆虫学会科普工作委员会主任

中国科学院动物研究所研究员

2018年11月19日

这里讲述的是一条来自蜻蜓王国的神秘航线。故事的主人公"大头"的原型，是中国广泛分布的碧伟蜓。它们的身影从东北一直到西南地区都可以见到，即使在繁华的大都市，也可以在公园里或溪水旁找到它们。根据碧伟蜓长距离迁飞的习性，以其飞行的轨迹为主线，通过设置的航点，串起一系列蜻蜓王国的奇闻异事。"大头"幼年成长于黑龙江广阔的森林，然后飞过东北，经过华北，翻越中部的山脉，最后到达蜻蜓繁盛的华南、西南一带。这条蜻蜓的迁飞路线也正是作者本人的成长之路。

我出生在黑龙江省牡丹江市，自幼痴迷于蜻蜓。5岁与蜻蜓结缘，从少年时期开始几乎每天都到河边观察和描绘蜻蜓。高中时开始收集标本，大学期间自学了蜻蜓种类鉴定。然而本科和硕士期间，都是从事化学领域的研究，获得的昆虫学专业知识非常有限，强烈的兴趣一直激发着我去坚持，虽然求学之路很曲折，但却有幸在攻读博士期间转入昆虫学领域接受专业教育，研究蜻蜓分类。我曾先后在辽宁省大连市、广东省广州市、湖北省武汉市和云南省昆明市工作和学习，而故事的主线也正是沿着这条从北向南的路线展开。很多情节都是根据亲身经历进行的拟人化叙述。"大头"历经的艰难险阻，也对应了我曲折的求学之路。一些精彩的环节，也都是根据多年的野外考察，基于客观事实来编写，以免误导读者。

本文的另一主人公"斌仔"，来自我的好友李斌的昵称，我们曾经一起在中国科学院水生生物研究所学习，并一起投入到国家专项的研究中。2012年在云南苍山茫涌溪的一个科考日，由于疲劳工作和高山缺氧，在忙碌了半日以后我突然感到手脚发麻，随之而来的是浑身抽搐，呼吸困难，最后失去知觉。当时在高山上，考察队员都在各自务工，只有我和李斌在同一个样点工作。事情突发，他不顾一切地背着我往山下跑。我曾面临绝望，也曾痛苦地挣扎，不知道斌仔背了我多久才最终联系上了大部队。此后我的意识渐渐恢复，清楚地记得团队每一个人的呵护，还有喂给我盐水喝的村民和驮过我的马儿，最后我躺在了一辆通往山下的救护车上。之后我和斌仔结拜，承诺彼此是一辈子的兄弟，而这个磨难也被设计在"大头"的飞行日记里。还原那段经历，痛苦渐远，更多的是收获，一份可以持续一生的关爱和友谊。

目前我已先后对我国黑龙江、辽宁、吉林、内蒙古、北京、天津、河北、山东、安徽、浙江、江苏、湖南、湖北、广东、广西、海南、四川、重庆、云南、贵州等省（市、自治区）进行过野外考察。在这样丰富的考察工作中，我早已与蜻蜓融为一体，观察它们有趣的行为，用相机抓拍唯美瞬间，记录最神秘的行为。我和蜻蜓之间的秘密，都将在"大头"的飞行日记里一一揭晓。蜻蜓国的国王是谁？"大头"的表亲是谁？选美大赛谁是冠军？除了这些环节，还特别设立了一些专业解析的部分，主要是为了纠正人们对蜻蜓的一些错误认识。

本书以"蜻蜓小教室"的版块，向大家介绍了一些有特色的蜻蜓种类。它们有些是中国的特有物种，具有极高的保育价值；有些则十分艳丽，是吸引公众眼球的水上舞者。不管是什么蜻蜓种类，都是我国重要的物种资源，它们在环境评价中有重要的作用，是淡水生态系统的重要指示生物。故事中的"选美大赛"展示了蜻蜓目昆虫的另一个重要价值——美学价值。中国约有蜻蜓1000种，然而飞进公众视线的不足5%。蜻蜓究竟有多美？或许只能从摄影师的镜头中欣赏到。选美大赛，正是向大家展示这些昆虫无可挑剔的自然之美。由于蜻蜓多在天气晴朗、山清水秀的自然环境生存，它们带给人们的是一种美好、舒适、和谐的画面。它们顽强地适应大自然，在生命最后的一个阶段——也就是我们看到的有翅能飞的蜻蜓，尽职尽责，为繁衍后代不惜牺牲生命，展示给人们一种积极、乐观向上的态度。

人类没有双翼，但最渴望飞行。昆虫虽小，却可以挑战空中世界。接下来，请您跟随"大头"起飞，进入蜻蜓王国探个究竟！

2019年1月

目 录

蜻 蜓 飞 行 日 记

第 一 章

阅 读 指 南

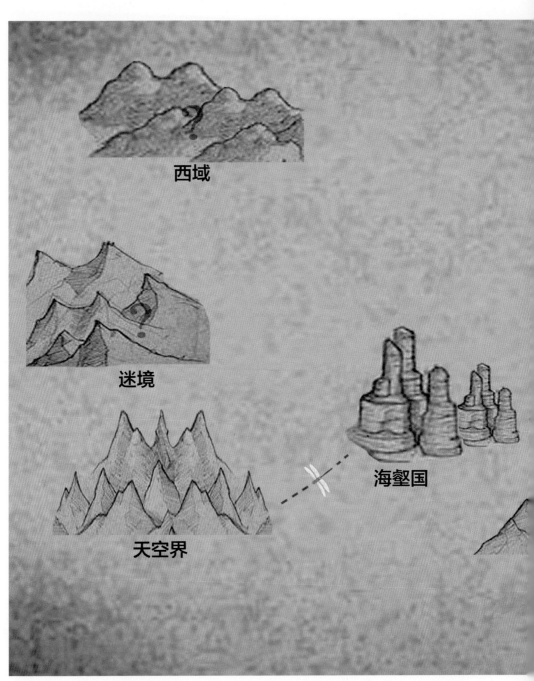

西域

迷境

海壑国

天空界

▲ 图中的十二处"王国"都是各种蜻蜓栖息的好地方。本书挑选的7处，既是故事的主人公"大头"的迁飞路线，
也是作者本人追寻研究蜻蜓的成长之路

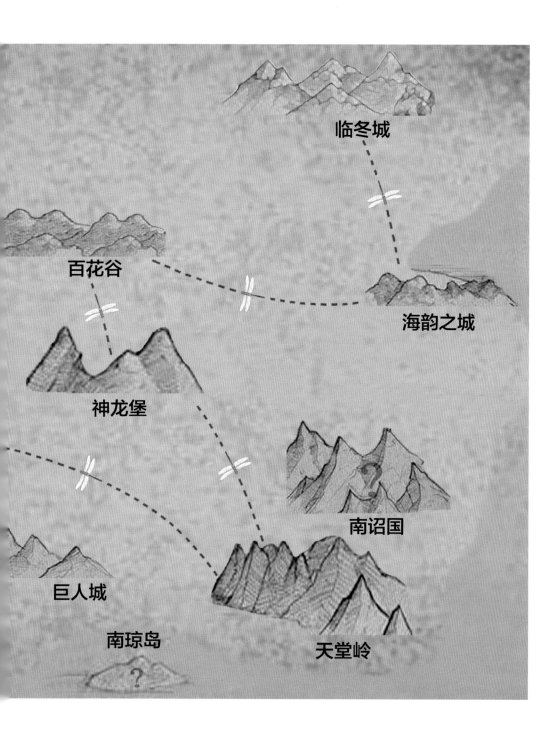

临冬城

百花谷

海韵之城

神龙堡

南诏国

巨人城

南琼岛

天堂岭

蜻蜓简介及其种类的快速识别

蜻蜓目昆虫简介

蜻蜓是一类原始而古老的昆虫。最早的古蜻蜓发现于古生代石炭纪的化石中，距今至少已有3亿年的历史。蜻蜓目昆虫是一类体色艳丽的昆虫。它们的身体分为头部、胸部和腹部。头部具1对甚大的复眼和咀嚼式口器。胸部构造特殊，前胸甚小，中胸与后胸愈合，称为合胸。胸部具两对翅和3对足。翅膜质，狭长而近等长。许多种类翅染有色彩，翅脉网状，密集而发达，翅前缘近翅端处常有翅痣。腹部细长，筒形或者扁平状，具10个明显可见的体节。雄虫的次生交配器在第2~3腹节的腹面，但第10节末端具有肛附器，交尾时用来抱握雌虫，雌虫的下生殖板或者产卵管位于第8~9节腹面。蜻蜓幼年生活在水中，称为稚虫。稚虫的口器构造特殊，下唇亚颏和颏极度延长，两者连接处成一关节，形成可伸缩的"面罩"，平时折叠于头部下方，可突然伸出捕捉猎物。

蜻蜓目学名叫作"Odonata"，源自希腊语，是"具齿的"的意思，由 Fabricius 在1793年根据蜻蜓成虫具有尖锐的上颚这一特征提出，用来指被林奈归入广义的脉翅目 Neuroptera (s.l.) 中 *Libellula* 属这一类昆虫。直到进入20世纪，"Odonata"一词才从广义的脉翅目中独立出来，被用来专门指代蜻蜓目。

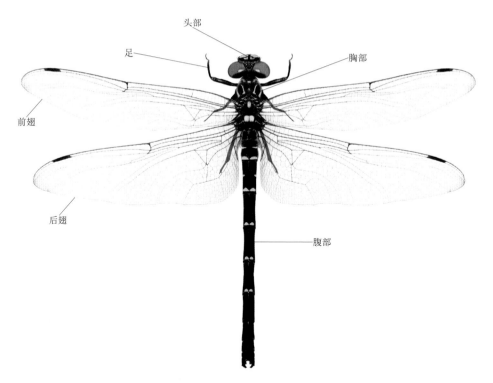

头部

足

胸部

前翅

后翅

腹部

▲ 蜻蜓的身体结构，以金翼裂唇蜓（*Chlorogomphus auripennis*）为例

　　除了极地，蜻蜓目广泛分布于世界各地，热带和亚热带地区种类较多。全世界已发现6000多种。蜻蜓目分为3个亚目，分别为：

　　差翅亚目：俗称蜻蜓，体形较大且粗壮。前翅和后翅的形状不同，后翅的臀区较前翅宽阔。头部正面观近似圆形或椭圆形，面部显著，额隆起。雄虫腹部末端具一对上肛附器和一个下肛附器。

　　束翅亚目：俗称豆娘，体形较小且纤细。前翅和后翅形状基本相同，有些种类翅向基方收窄形成翅柄。除了少数种类，它们的头部正面观呈哑铃形，面部不显著，未显著隆起。腹部十分纤细。雄虫腹部末端具一对上肛附器和一对下肛附器，雌虫具产卵管。

▲ 蜻蜓的代表，蝴蝶裂唇蜓（*Chlorogomphus papilio*，雌）

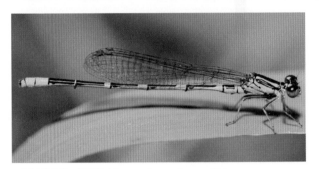

▲ 豆娘的代表，捷尾螅（*Paracercion v-nigrum*，雄）

间翅亚目：其体态介于差翅亚目和束翅亚目之间，前后翅形状相似，似豆娘，但身体粗壮，似蜻蜓。目前本亚目仅有1科1属，全球仅知4种，其中2种的身份存疑。它们分布于中国、日本、印度和尼泊尔。间翅亚目被认为是古代蜻蜓在现代的唯一后裔。

蜻蜓的稚虫生活在各种淡水环境中，通常潜伏在泥沙或者水草里，是凶猛的水下杀手！蜻蜓一生以稚虫形态生活在水中的时间最长，而成虫期（也称飞行期），也就是我们看到的蜻蜓则非常短暂。蜻蜓是一类重要的水生昆虫。蜻蜓一生要经历卵、幼虫（稚虫）和成虫三个阶段，属于不完全变态。

蜻蜓的栖息地包括各类淡水环境，主要可以分为两大类：静水环境——各种湿地、池塘、水库及湖泊；流水环境——各种河流、溪流及瀑布等。另有少数种类可以在咸淡水交汇处（例如红树林）生活。蜻蜓是淡水生态系统中重要的捕食者。

▲ 蜻蜓的稚虫

"蜻蜓"一词的含义

我们通常所说的"蜻蜓"一词，实际上是包括了"蜻蜓"和"豆娘"在内的所有蜻蜓目成员。在蜻蜓中又有明显的"蜻"和"蜓"之分。因此"蜻蜓"这个词，实际上代表了蜻蜓家族的3个类群，即豆娘、蜻和蜓。在本文中，分别以"豆娘族"、"蜻族"和"蜓族"来区分。

如何区分蜻蜓和豆娘？

蜻蜓和豆娘最重要的区分特征在翅的形状上，结合身体形态和停歇姿态，可以比较容易区分。

（1）蜻蜓的后翅比前翅更加宽阔，而豆娘的前翅和后翅形状相同。

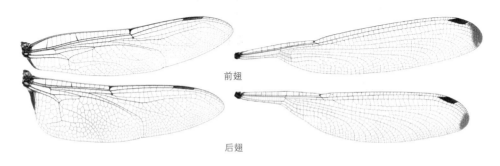

前翅

后翅

▲ 蜻蜓的翅（左）与豆娘的翅（右）的比较

（2）蜻蜓的面部具有比较发达的复眼，正面观呈椭圆形或者梯形，而豆娘的面部正面观呈哑铃形，两只复眼在头部的两侧，相距较远。

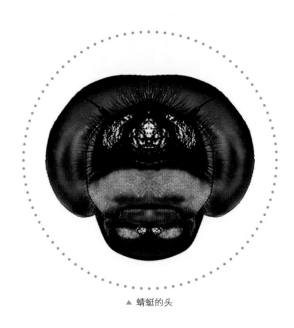

▲ 蜻蜓的头

▲ 豆娘的头

（3）从停歇姿态上看，蜻蜓停歇时，翅平展在体两侧，而多数豆娘在停歇时翅合拢，竖立在背上。

▲ 蜻蜓停歇时，双翅平展

▲ 豆娘停歇时，双翅合拢竖立在背上

如何区分蜻与蜓？

知道了蜻蜓和豆娘的区分方法，那么如何区分蜻和蜓呢？

蜻和蜓的区分比较复杂，我们还要从翅上的特征说起。首先要介绍一下蜻蜓的翅脉。这是非常复杂的网状结构，由几条主要的纵脉和交织的横脉组成。如下图：

为了方便辨认，我们把主要的翅脉标记上数字符号，它们依次是：

1——前缘脉：翅最前方的重要纵脉，将翅牢牢撑起；

2——亚前缘脉：位于前缘脉下方，它在经过翅结后向上弯曲与前缘脉合并；

3——径脉：在翅基方和中脉合并（R+M），之后经过4次分支分成 R1、R2、R3和 R4，4个径分脉；

4——中脉：在和径脉分离之后直达翅的后缘；

5——肘脉：这是一条非常曲折的纵脉，从翅基方生出不久之后，几乎呈90°角弯曲走向翅的后缘；

6——臀脉：最后的一条纵脉，和肘脉的走向很相似。

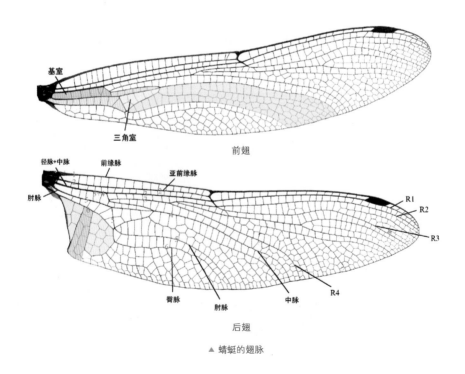

▲ 蜻蜓的翅脉

这六条主纵脉将翅撑起。纵脉和横脉相互交错,在翅上形成许多小格子,称为翅室。其中比较重要的翅室有三角室、基室等。区分蜻和蜓的信息就隐藏在三角室上。

一个三角室,是一个三角形的构造,因此一定可以找到一个最小的锐角。如果在前翅和后翅这个最小锐角都是指向翅的末端,那就是蜓;如果前翅的最小锐角指向翅的后缘,而后翅指向翅的末端,那则是蜻。

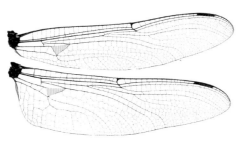

▲ 蜓的翅,前翅(上)和后翅(下)的三角室最小锐角均指向翅的末端

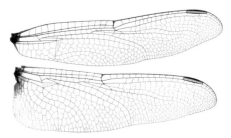

▲ 蜻的翅,前翅(上)三角室最小锐角均指向翅的后缘,后翅(下)三角室最小锐角则指向翅的末端

研究蜻蜓有何意义?

我们为什么要研究昆虫? 我们先来了解一下目前蜻蜓学家主要的研究方向。

1. 分类学

昆虫分类是一项重要的基础性自然科学研究,主要的研究内容是昆虫的鉴别、命名以及它们之间的亲缘关系等。昆虫分类学可以帮助我们在纷繁复杂的昆虫家族中迅速地识别物种,展示人类认知自然世界的能力。

2. 生态学

研究昆虫与环境之间的关系。作为重要的环境指示生物,蜻蜓的一个重要应用是环境评价。这项研究主要是根据蜻蜓种类的多样性与环境因子的相关性将样本进行排序及分类,找出各环境类型的指示物种及与之相关的重要环境因子,建立环境评价指标体系。

研究这些小昆虫究竟对人类的生活有何意义呢？

1. 宝贵的物种资源

全世界已知的6000余种蜻蜓中大约有1000种生活在中国。这些神奇的水上精灵是中国昆虫家族中最亮眼的一笔，它们以各自不同的体态和色彩深深吸引着世界各地的爱好者。中国的蜻蜓宝库中，特有物种的比例很大，而且有很多种蜻蜓分布十分狭窄。最珍稀的蜻蜓仅在一两座大山脉，甚至仅是一座山脉的一两条溪流附近出没，因此它们受到保护的级别相当高。这些肉食动物又好比昆虫家族的林中之虎，对维持淡水生态系统的健康起着重要的作用。

2. 重要的旗舰物种

旗舰物种译自"flagship species"，指那些对社会生态保护力量具有特殊号召力和吸引力，并可以促进社会对环境保护关注的物种。中国最著名的旗舰物种即是我国的国宝大熊猫。蜻蜓目昆虫由于体色艳丽、体态优美，也十分容易引起公众的关注。当前大家总会问，为什么城市的蜻蜓少了？那些陪伴着80后成长的蜻蜓都到哪里去了？在成年人的成长记忆中，或多或少都有蜻蜓的影子。这些可能源自蜻蜓本身的魅力，是作为重要的观赏昆虫其自身美学价值的延伸。其实这些反映出来的是蜻蜓的号召力，可以呼吁公众关注环境。

3. 重要的环境指示生物

蜻蜓是监测水域生态系统健康以及水环境质量的重要指示生物。比如一些敏感型种类，在幼年阶段，它们的稚虫不能忍耐被污染的水体，只能生活在非常清澈见底的溪水中，而成年以后，需要相当大面积的森林来成长和完成各种生命活动。它们的存在不仅与水质密切相关，还与河岸带的植被密切相关，因此这些蜻蜓可以有效地评估蜻蜓栖息地的环境质量，这不仅包括它们幼年阶段生活的溪流的水质质量，还包括成虫阶段依赖的森林的植被质量。

蜻 蜓 飞 行 日 记

第 二 章

临 冬 城 篇

▲ 一对碧伟蜓夫妻正在水边忙碌，他们把卵产入水草的茎干中（拍摄 莫善濂）

| 航 点 解 析 |

　　临冬城坐落在中国东北的黑龙江省牡丹江市。那是一片茂盛的北温带森林。我们的主人公"大头"，这个在北方临冬城可以称霸的大型蜻蜓即将隆重登场。他将为大家开启一条神秘航线，去探索蜻蜓王国的秘密。

　　临冬城，也是笔者——我成长的故乡。

故事从临冬城说起。那是在遥远的中国北方的森林，一对碧伟蜓夫妻正在抓紧盛夏最后的时间。他们正在忙碌于一项特别重要的任务——繁衍后代。临冬城的冬季即将来临，他们要赶在天气转冷之前，把爱的种子撒满整个城池，然后开始他们另一项伟大的工程——迁飞！乘着秋风，他们将飞往遥远的南方之国——天空界。那里没有冬季，也是一年一度的蜻蜓家族大聚会之地。

这对夫妻把他们幼小的宝宝藏进水下的植物温室，这些池塘将为这些蜻蜓宝宝提供庇护。当冬天来临时，这里被厚厚的冰雪覆盖以后，池塘的冰层下面仍然是液态的水。这些蜻蜓宝宝躲藏在水下的温室里面，才有机会度过漫长的冬季。

碧伟蜓夫妻认真地把每一粒卵都安放好。临冬城的蜻蜓首领，蓝色的极北蜓家族也在这时繁育后代。他们共享一片土地，十分和谐。一只雄性蓝色极北蜓首领正在仔细地巡视四周，他保护着几只正在产卵的雌性极北蜓。极北蜓家族世世代代留守在这座冰雪之城，从不离开。他把手中的一枚金色勋章送给了碧伟蜓夫妻，让远在千里之外的蜻蜓国王接收到临冬城的信息，同时也向国王致敬。这个传统世世代代延续着，每一年都有碧伟蜓使者作为临冬城的代表去参加蜻蜓王国的国会，为蜻蜓家族的延续共商大计。这是一个相当严肃的问题，关系到蜻蜓家族的生死存亡。

不久，碧伟蜓信使启程，开启了一条遥远的神秘航线！

9 月天高，秋风瑟瑟，临冬城还是一片繁华，成对的红蜻蜓在秋风中争抢着最佳的地点繁殖后代。他们是秋天繁盛的赤蜻家族，势力非常庞大，占据了临冬城的每一个角落。那些大个头的蜓族也在竭尽全力地履行繁育的使命。在碧伟蜓夫妻离开的 20 天后，一个神奇的夜晚到来了。那是一片漆黑的水下森林，碧伟蜓夫妻的后代正在发生着变化。成百上千的碧伟蜓宝宝正在蠢蠢欲动，准备破壳而出。他们从椭圆形的卵壳中挣脱，躲进这片水下森林。一只名叫"大头"的幼崽正在试着活动他的身体，他伸伸腿，摇摇脑袋。这些最初的生命活动宣布了一只健康的雄性碧伟蜓正开启了生命的第一章。他第一次睁开双眼，躲在植物温室里静静地等待黎明的到来。

2015年的秋天，大头开始了生命的第一天。第一个黎明即将到来，他和自己的同胞骨肉静静地等待着。天色渐渐明亮，浮现在眼前的是一片神奇的水下森林。大头还不能自如地行走，只能静静地坐在水草上。他仔细打量着身边奇特的生物：大脑袋，大眼睛，长长的身体，6条腿。大头甚至不能辨别出这就是自己的孪生兄妹！

水下很安静，大头也很安静。他懒懒地睡着，直到他的身体变得坚硬，腿脚变得自如。临近中午，水温迅速升高，水下森林的宁静被打破……

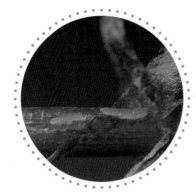

▲ 产在植物茎干中的长条形碧伟蜓卵粒

▲ 刚刚出生的碧伟蜓幼崽"大头"

"你好呀!"一只肥胖的蜻蜓幼崽出现在他面前,"我叫斌仔!"

大头慢吞吞地答应:"你好,我是大头!"

他们互相打量着彼此,有一种似曾相识的感觉和无法形容的心灵感应。这两个幼小的生命正是碧伟蜓夫妻的后代,他们是一对亲兄弟!很快他们适应了彼此,成了互相依赖的玩伴。

"大头,快到这边来,有好吃的东西!"斌仔呼唤着。

"嗯,来了,看起来很有食欲,好香的味道!"大头随着斌仔,小心地从一棵水草上跳到另一处,并隐蔽起来,等待伏击草丛中的猎物。就这样,两兄弟开心地成长着,一起经历成长过程中的无数次蜕变。

时间飞逝,经过一个月的成长,大头和斌仔已经慢慢适应了这片水下森林。他们形影不离,一起出外打猎,一起玩耍,一起睡觉,生活得有滋有味。但是这种美好的生活很快宣告结束了。临冬城的冬季正悄悄地走来!

水下的温度越来越低,大头和斌仔的行动越来越慢,吃的也越来越少。两个小家伙紧紧靠在一起。不久,来自极地的冷空气袭击了这片土地,一场暴雪覆盖了整个城堡。白色终止了这里水上的一切生命活动,许多赤蜻被寒冷的冰雪活活掩埋。水面上开始结冰,先是薄薄的一层,然后冰面开始延伸到水下。大头和斌仔本能地逃往森林的深处,他们潜入更深的水下。就这样,临冬城的冬天到来了,$-30℃$的低温摧毁了陆地上的一切生命,这些新的希望在水底下酝酿。大头和斌仔开始进入了长眠……

"我要睡了!"大头最后一次呼唤斌仔。

"我好像已经睁不开眼了!"斌仔也贮备好了能量,准备进入这漫长的冬眠。

"希望一觉醒来,你还在我身边。"大头也慢慢进入了睡眠。

这将是异常漫长的一次长眠,也是相当严峻的一次考验。他们将在水下森林沉睡半年,在第二年春天到来,冰雪消融以后苏醒,继续他们的水下生活。

　　时光如梭，一眨眼漫山遍野的哒哒香染红了山谷，春天悄悄走来，唤醒了沉睡的水下世界。

　　清明时节雨纷纷。雨水再次滋润了临冬城的土地，也唤醒了这里沉睡的生命。气温开始渐渐回升，早春的信使们首先被唤醒。一群灰褐色的豆娘最先从睡梦中醒来，这是三叶黄丝螅。他们以成虫的虫态在树干的缝隙中度过漫长的冬季，并不像碧伟蜓的幼崽大头那样潜伏在水底过冬。这些豆娘可以最先感受到天气的变化，他们给春天的临冬城带来新的生机。

　　这些豆娘开始在渐渐融化的池塘面上徘徊。冰雪消融，春暖花开，盛开的映山红染红了临冬城。麻雀们都忙着填满肚子，似乎要把一个冬天落下的美餐都补回来。在吵闹的鸟儿鸣叫了许久以后，水下终于开始有动静了。

▲ 三叶黄丝螅（*Sympecma paedisca*）

三叶黄丝螅

在中国的东北，有这样一种豆娘，它们相貌不起眼，灰褐色的身体没有什么吸引人的地方，看似枯草。但它们却是一类比较特殊的豆娘，它们的超能力体现在它们是以成虫的形式度过漫长的冬季，和当地所有其他的蜻蜓种类不同，有研究发现它们躲在大树的树缝中过冬。在东北，冬季最低气温可达 −50℃，其他蜻蜓的幼崽在水下冬眠，它们在冰层以下的水中艰难地等待着春天到来。4月下旬，东北的气温渐渐回升。三叶黄丝螅最先感受到这个变化。它们纷纷从藏身之所飞出来，开始享受一年最早的季节。这时的东北还是一片枯黄，没有绿意，却刚好和这些豆娘的体色吻合。它们开始成双成对地繁殖，宣告一年的蜻蜓活动正式开启。

水温缓慢爬升，冰雪终于融化。水面上的芦苇冒出了新芽，这些绿色的嫩芽刚刚露出头，似乎很害羞，但是早被这些黄丝螅豆娘盯上了，这是他们最佳的产卵场。一对对豆娘都挤满在芦苇上产卵，这些吵闹声终于唤醒了长眠的大头和斌仔。

他们在水下很深处刚刚睡醒。水下很冷，大头和斌仔似乎察觉到水面上的变化，几个月内首次感受到了太阳光的温暖。

"你还好吗？"大头先醒过来。

"我还好，就是觉得很累，浑身无力！"斌仔慢吞吞地说。

"当然啊，我们已经睡了6个月了，你已经不是肥胖的斌仔了，现在看起来很苗条了。"大头正在欣赏一个全新的斌仔。

斌仔一下子兴奋了："这样吗？这一觉没有白睡喔，还可以减肥。"

他们两个慢慢地活动活动手脚，摇摇头，几个月没有活动还要先让身体适应一下。太阳渐渐猛烈，加热了水下世界，两兄弟也活跃起来。他们开始在水下森林活动，准备离开这个黑暗的森林，到更温暖的水上层去生活。

突然大头踩到一个熟悉的东西，他似乎感觉到了不对劲。

"我脚底下踩到什么了！"大头叫着。

斌仔回头看看："啊……"

"怎么了？"大头还没有看清楚。

"是尸体！"斌仔恐惧地说，"我们伙伴的尸体！"

大头低下头，也被吓到了："斌仔，你看，不是一个，是一群，水底铺满了尸体！"

斌仔惊慌地说："是的，不计其数，看起来他们没能熬过这漫长的冬季，被冻死在这水底森林里！"

"我们赶紧离开这个恐怖的地方吧！"大头确实被吓坏了。他们很幸运，成了少数可以度过严寒的幸运儿。

大头和斌仔像两颗子弹，通过尾巴末端喷出的水推动身体前进。很快，他们告别了那片恐怖的漆黑森林，来到水上层的居住区。这里水草正在萌发，有很多栖身之所。两兄弟隐藏到芦苇中，仔细地打量着新的家园。

作为一只蜻蜓幼虫，大头和斌仔有着一个特殊的秘密武器用来捕捉猎物，就是他们特化的下唇。下唇特化成一个可以折叠伸缩的捕食工具，平时折叠在头下面，当有猎物靠近时，迅速伸出，用下唇末端的钳状钩夹住猎物。这是他们的杰出本领。在休息时，大头和斌仔安安静静地等待着，很少到处闲逛，他们要利用宝贵的春天快速生长。

春雷声声，雨水绿化了临冬城，这座北方的蜻蜓之国再次迎来新的一年。许多早春的蜻蜓纷纷从水中羽化，展翅飞翔，水面上再次被一群群舞者占领。春末夏初，临冬城的池塘上布满各种各样的蜻蜓居民，大头和斌仔在水下张望，仰望水面。

"上面好像很热闹啊！"大头抬着头，头脑中有无限的憧憬和遐想。

"神秘的面罩"

　　蜻蜓在幼年时期有一个特别厉害的武器，就是由下唇特化而来的捕食工具。这个武器通常是面罩状或者折叠的钳子状。大头具有一个折叠型的大钳子，平时收缩在面部下方，当有猎物靠近时会突然伸出，快速地擒获猎物。

走进碧伟蜓的世界！

碧伟蜓幼虫怎样进行捕食呢？这个"神秘的面罩"藏在哪里呢？

玩转炫酷 A R

打开 APP，点击对应昆虫图标，扫描**右方目标图片**，开启奇妙 AR 之旅！

▲ 自然状态下，"钳子"在头部下方

▲ 捕食时，"钳子"会突然伸出

　　"是啊，你看，大大小小的，蓝的绿的红的，好羡慕他们可以飞翔啊！"斌仔也很羡慕这些水面上的蜓儿们。

　　"等有一天我能飞了，一定飞到最高最远的地方。"大头满怀信心地说。

　　"那你就不能太挑食了，这样才能更快地成长，你要向我学习呀！"斌仔给了大头中肯的建议。为了快速成长为一只能飞行的蜻蜓，就必须把握一切从前面经过的猎物！

　　时间悄悄地流逝着，却在大头和斌仔身上留下了痕迹，他们正在茁壮成长着。临冬城已经是绿色的一片，盛夏的阳光正在炙烤着大地。

　　水底下也非常热闹，一群年轻的小鲫鱼在水中来回游荡，他们兴奋地在这片水下世界游玩。这时的大头和斌仔已经成长为成熟的蜻蜓幼虫，他们体形很大，是水下森林的霸主，也成了恐怖的水底怪兽。他们如幽灵般潜伏着，等待着送入口中的猎物。

几条小鲫鱼，非非、小豆子和球球高兴地在林间玩耍着……

"快来追我啊！"小鲫鱼非非呼唤着。

"来了来了！"小豆子和球球跟上来。

非非突然藏到了水草中想和伙伴们来个捉迷藏游戏，他躲着并偷偷地笑着。

"咦，怎么看不见他了？"小豆子东张西望。

"应该是藏到那片水草里面了！"球球猜测着。

球球正准备游过去寻找，突然，水草中伸出一个大夹子一把夹住了他，并迅速将他拖进了草丛中。小豆子没来得及反应，怎么球球也不见了？于是也游过去寻找，却被另一只恐怖的夹子拖走。非非躲在水草丛中被吓呆了，他眼睁睁地看着这些大夹子把自己的伙伴送进了一张张血盆大口，然后瞬间被吞噬掉。

这就是大头和斌仔在水下的最后生活阶段，他们很少聊天，都集中精力捕获食物。他们的胃口非常好，每天可以吃几条小鱼，这些高能物质为他们下一步的重要变态阶段——羽化，做好了充分的准备。

经过长达1年的水下生活，大头的身体开始出现一些明显的变化。他胸部背面的小翅芽越来越厚，身体也变得更加翠绿。这些都是蜕变成一只成年蜻蜓的标志。当然这最后的水下阶段却要格外小心，因为他的身体已经变得非常软弱，容易受到攻击，而他特殊的捕食工具，那个让鱼儿们恐惧的大夹子已经开始慢慢退化。

大头和斌仔已经有10天没有进食了，他们的捕食器已经完全退化了。两兄弟紧紧抱住直挺水面的芦苇，静静地等待特殊的蜕变时刻。大头很有耐心，他一动不动，牢牢地抱住一片直挺挺的芦苇叶。这棵神奇的芦苇将带领他终结水下生活。

羽化日期临近，一个黄昏，大头和斌仔将头浮出水面，身体向上轻轻漂浮。

"好神奇的世界，真是等不及了，好想现在就飞起来！"斌仔终于第一次看到了陆地的世界，简直比水里更有魔力，有茂盛的森林，蓝天白云，还有各种不认识的小伙伴。

"千万不要心急，要慢慢等待，现在我们两个要做的是，禁止聊天，节省体能！"大头告诫着斌仔。

"嗯，知道，你怕不怕，这次蜕变可是和之前的不一样！"斌仔有点担心。

"不怕，我已经做好准备，想到经历了这次蜕变就可以在天上飞翔，就会鼓足勇气去拼！"大头充满信心地说，"一起加油！"

▲ 碧伟蜓幼崽捕鱼和进食（拍摄 莫善濂）

　　7月31日的傍晚如约而至。天气很好，温和的风送走了夕阳最后一缕红色飘带，明天又是一个好天气。大头和斌仔都安安静静地趴在芦苇秆上，今晚似乎有些不同。天色渐渐暗了，月亮爬上来值班，还带着无数会眨眼睛的卫士，他们观察着下面发生的一切。

　　夜色渐浓，慢慢地蛙声也淡了，四周安静下来。刹那间，大头迅速爬出水面，努力地爬到水草的顶端，并来回摇晃着身体。他上上下下地来回移动，最终选择了水草上最舒服的一处，他可以牢牢地握住。接着斌仔也从旁边的一棵芦苇中爬出，重复着和大头一样的姿势，来来回回扭动身体。

　　他们在各自的芦苇上都选择了高处的合适位置，经过了一阵子的不安、躁动和摇摆之后，都瞬间安静下来。大约过了半小时，大头开始呼吸急促。他的胸部背面首先开裂，然后嫩绿色的新鲜身体从这个裂口处挣脱出，先是胸部，然后是头部、腿部和细小的翅芽。斌仔紧随其后，也很快完成了这个步骤。接下来他们依靠留在旧外套中的尾巴拖住身体，头朝下倒立。在重力和血液的作用下，他们的新身体迅速膨大。慢慢地，腿有了知觉，然后大头猛地回头，将尾巴拽出这个坚硬的外壳，他的腿牢牢地抓住外壳。开始了下一个非常关键的步骤——展翅。他的头部和腹部同时伸缩，将绿色的血液压入翅脉，血液在翅脉里流动，也将褶皱在一起的翅撑起来。慢慢地，翅从一个小翅芽展开，成了平整的、有清晰脉络的双翼，这时的翅还是半透明的，同时他的尾巴也在拉伸，越来越长。大概在2小时之后，大头和斌仔都顺利地完成了羽化的全部过程，进展十分顺利。他们终于可以喘一口气了。

　　"大头，你那都顺利吧？"斌仔赶忙问道。

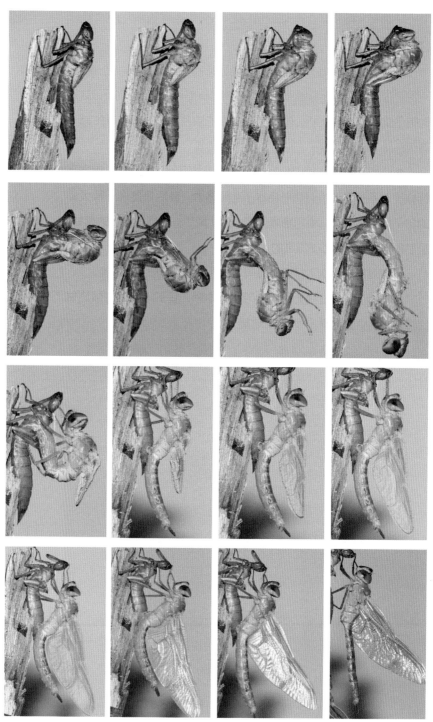

▲ 碧伟蜓羽化的全过程（拍摄 宋黎明）

"顺利，只是有点累，我想休息一下就可以恢复体力。"大头静静地回答。

他们现在等待着黎明的到来。两兄弟耐心地等待着，这一夜是不眠之夜，他们都没有睡过。8月1日清晨5点，大头展翅飞行，这是他有生之年的首次飞行。他竖立在背上的双翅一旦张开，终生都不再合并。

大头和斌仔在黎明时分展翅，朝着山林不回头地飞去。首次飞行似乎并不省力，他们几乎耗尽了全部体力，最后停落在一棵大树的树干上。两兄弟都顺利地离开了水面，成了一只真正会飞的蜻蜓。虽然很辛苦，但心里美滋滋的。

"你对你的首次飞行还满意吗？"活泼的斌仔总是话不停。

"一般了，不过我会努力学习飞行本领，我们不如到时候比试比试，看谁更胜一筹。"大头主动起来了。

▲ 羽化完成的碧伟蜓成虫，双翅已展开（拍摄 莫善濂）

蜻蜓的神奇蜕变

蜻蜓稚虫漫长的生长过程终于在羽化时宣告结束。从生理学的角度看这是一个身体遭受创伤的时刻，它们的身体变得异常的柔软，不堪一击。稚虫最终从水面爬出，选择合适的地点羽化。羽化通常在夜间发生，也有些种类在白天羽化。羽化的地点通常是水面的水草上、大岩石或者树干上，它们都喜欢在陡坡上羽化，依靠重力的作用和血压来展开双翅。

羽化的过程要1~2小时，分为几个重要的步骤。第一步，身体在合胸背面的背中线处裂开，最先挣脱出来的是胸部，紧接着是头部、六足。头部和胸部伸出之后，身体呈倒立姿势，依靠留在蜕中的腹部末端拖住身体。倒立需要一段时间，依靠血液和重力，它们的新身体迅速膨大。第二步是展翅，它们会突然调头向上，用足把腹部从蜕中抽出来，这样整个身体就脱离了旧的外壳，留下了这个空壳子——蜕。然后血液压进翅脉，将紧缩在一起褶皱的翅撑开、撑平。展翅的速度相对比较快，这期间它们牢牢抓住蜕，头部和腹部来回伸缩，看起来像是很用力的感觉。翅展平以后，进行最后一个步骤，就是把腹部拉直拉长。腹部之前一直是向上翘起，这一步骤它将变得更细更直。这些步骤都结束以后，它们通过腹部末端的排泄孔把多余的水排出体外。刚羽化的新身体非常脆弱，不堪一击，它们待翅硬化以后立刻进行首次飞行，离开水面，飞到高处的树林里，以避免在这个时期遭到攻击。

蜻蜓王国，生生不息。临冬城的蜻蜓子民正在享受着盛夏的大好时光。刚刚经历了蜓生重大转折的大头兄弟，现在已经是展翅能飞的新一代碧伟蜓接班人了。经历了几天的不吃不喝，他们安安静静等待着身体的变化。现在他们的躯体没有那么柔软，一双透明、微微透着金色的美丽双翼标志着他们飞行时代的开始。

"我想我们是时候该尝试新的飞行了！"大头唤醒斌仔。

"是该痛痛快快地饱餐一顿了！"斌仔已经饿了几天，肚子早就咕咕叫了。

不过他们目前面临的最大问题是作为一个初级飞行员，怎样快速适应新的空中生活。这是一个学习的过程，他们会在千百次的飞行中积累经验，最终成为一名合格的飞行员。

"准备好了吗，我要起飞了！"大头迫不及待。

"早已经准备好，待命中！"斌仔回复。

"起飞！"

两只新生的碧伟蜓从茂盛的丛林中起飞了！这是他们的第二次飞行，但这一次将是一次飞跃。他们先是频繁地振动双翅上升高度，爬升到半空以后开始进入滑翔姿态。大头和斌仔都在努力认真地练习着飞行，他们尽情享受着空中生活，沐浴着阳光。这种居高临下的感觉非常美妙。

"天上真好。"大头开始不再着涩了，和小伙伴畅谈着。

"我喜欢蓝天白云。"斌仔也跟上来了。

"好想出去旅行啊，斌仔。"大头越来越激动了。

"你知道，我也梦想着成为一个旅行家啊。"斌仔兴致勃勃。

"那你是配合我了？"大头已经准备好了。

"其实我可以当你的导游！"斌仔得意地说。

"还记得小时候在水下森林听说的国王家族的故事吗？据说国王家族的血统比我们要好，他们高贵而华丽，还生活得特别隐秘。"大头期待着，满心的渴望。

"我可不这样认为，还有谁比我们更美丽？我们可是身披华丽的绿色外衣啊，这在蜻蜓家族都是少见的。"斌仔炫耀着自己华丽的绿色身体。

"可是那些蜻蜓幼崽是怎么知道这些故事的呢？"大头心里疑问着。

"那些都是黄蜻家族的幼崽，他们的家族势力庞大。"斌仔也谦虚了。

"嗯，那倒是，听说他们家族可以远迁到世界尽头，而且见识多。不如我们去找黄蜻家族问个明白吧，现在我们能飞了，可以做自己想做的事了。"大头有了好主意。

"反正我们也要到处看看，说不定还有好吃的！"斌仔流口水了。

"肥斌仔，你可要控制饮食了，再吃就飞不动了。"大头偷笑。

大头和斌仔是两个大帅哥，立刻吸引来了许多小伙伴。一只深蓝色、和他们个头相当的琉璃蜓"蓝眉"从下方飞上来："你们好啊！"

"你好啊，大哥！"兄弟俩打量着眼前这个大个子兄弟。

"你们好，我来自蓝色的蜓属家族，比你们伟蜓家族还要大呢，"蓝眉很骄傲地回答，"早闻你们家族大名，今日一见十分荣幸。"

"谢谢你的夸奖，也很高兴与你相见。"斌仔回答。

"蓝兄，听说蜻蜓国家族兴旺，也有听说国王远在南方，你有何高见？"大头赶紧发问。

"当然知道，国王家族远在遥远的一边，他们是贵族！"蓝眉似乎也自认不如，"可是我也听说，去往蜻蜓国王家族的路途遥远，一路翻山越岭！"

"我们伟蜓家族可是飞行能手！"大头骄傲地回答。

"听黄蜻姐说那边有雾霾，空气不好，我可不去！"蓝眉摇摇头，逍遥地飞走了。

"黄蜻在哪？我很想见见他们，问问清楚。"大头心急了。

"顺便去觅食，还是慢慢寻找啦。"斌仔已经加速飞行了。

大头跟着斌仔，自由地飞行寻找。他们经过一处水草茂盛的湿地，被喧闹声吸引过去。成百上千的蜻蜓都在水边飞舞，豆娘们在上演时装秀和各种高难度表演。大头和斌仔来不及细看，就被一个不知名的家伙偷袭了……

"快滚开，这是我的领地，不知死活的小子。"一只凶猛的大型蜻蜓冲上来。

大头和斌仔做出本能的反应，他们俩迅速逃离，才意识到这是自己的同类，正在守护着领地。他们想象着在不远的将来，当他们生长成熟以后，也会有自己的一片领地。

时间一天一天地过去，他们起得越来越早了，也更加勤奋地练习飞行。大头可以更加灵活地在空中擒获猎物，也可以和斌仔一起互相追逐，展示高难度的飞行技巧。这让池塘边的豆娘们看得眼晕，同时羡慕不已。他们飞越了很多山谷，也遇见了很多新朋友。当他们经过一条宽阔的江面时，一只身体黑色，具有黄色斑点，并拥有和大头一样绿色大眼睛的"巡洋舰蜻蜓"朝他们飞来。

[蜻蜓小·教室]

大伪蜻

　　大伪蜻是一类大型的蜻蜓类群，它们的英文俗名被叫作"cruiser"，是巡洋舰的意思。这是由于这类蜻蜓拥有超高的飞行能力，可以沿着水面快速平稳地长时间巡飞。巡洋舰蜻蜓隶属于大伪蜻科（Macromiidae），在中国的代表是大伪蜻属（*Macromia*）的成员，目前中国有20多种大伪蜻，广布全国。

▲ 东北大伪蜻（*Macromia manchurica*）

"你们早啊，我是巡洋舰'黑龙江号'！"

"早安，黑龙江号。"大头和斌仔高兴地回应。

"这是我生长的河流，欢迎你们。"黑龙江号以一个急转弯的高难度飞行表示欢迎。

"哇，好高超的飞行本领啊！"大头叫好。

"想不到除了我们还有这样的达人！"斌仔也谦虚起来。

"等你们成熟了，也会有这样的本领，孩子们。"黑龙江号给了他们很大的鼓励，然后俯冲下江面，不见踪迹。

"斌仔，我说的没错吧。我们也可以越飞越好，而且相信我们可以找到国王，怎么样，加油吧，"大头鼓励斌仔，也是怕最后斌仔改变主意，"你是最棒的，呵呵。"

"嗯，一起加油，要不要我们比试一下，看谁是冠军？"斌仔说完高飞起来。

大头立刻加速上升，两个人几乎忘了转眼已是上千米的高空。当气流越来越强时，他们学会了新的飞行模式——巡航模式。乘着风，飞得更高，双翅展开呈翱翔姿态，气流造就了他们的飞行梦。他们一直飞行到黄昏，在傍晚经历了一场捕食盛宴后，他们停落在密林中准备休息。

晴朗的好天气使大头的生长非常迅速，现在他的身体已经越来越结实，也更加艳丽动人。他腹部基方的蓝色斑也越来越明显，这也是他年龄的标志。大头和斌仔继续前行，当他们翻越了一座陡峭的山峰之后，在一片空旷的草原，他们被一大群黄色的蜻蜓震惊了。那是成百上千的黄蜻群，正在为迁飞做准备。大头和斌仔不敢相信眼前的一切，因为他们也只是听说黄蜻群的壮观，但绝对没有想到会是这个数量。

"这就是黄蜻家族吗？"大头迷惑了。

"没错，除了他们，还会有谁能有这么庞大的群？除了他们，还会有谁能飞到这里？"斌仔确信这是黄蜻，也相信他们童年时的所闻都是真的。

▲ 碧伟蜓（*Anax parthenope julius*，雄）

大头和斌仔赶紧迎上去，迫不及待地想知道那些心中最渴望的神秘事件。

"不好意思打扰您了！"大头有礼貌地说。

"不用客气，我认得你们，快来加入我们的晚宴吧！"黄蜻首领"大飞"笑着答道。

大头和斌仔又累又饿，他们在飞越山谷时，消耗了不少能量。大头发现，黄蜻群捕食的小型昆虫，数量庞大，但和自己平时最爱吃的昆虫相比，体形还是小好多。要吃饱就要多费点力气，不管怎样先填饱肚子。当他们加入黄蜻群之后才发现，原来早有自己的同胞碧伟蜓混在黄蜻群里了。一只年轻的雌性碧伟蜓"花花"飞到他们面前，向两位男士发出了邀请。大头、斌仔和花花就这样相遇了。

"蜻蜓美女，我们很高兴遇见你。"大头和斌仔一起向美女蜻蜓问好。

"你们好啊，不要叫我美女喔，我可是当之无愧的野兽，哈哈哈。"没想到美女一开口差点吓坏兄弟俩。

大头聪明地回答："我爱美女，也爱野兽，不知美女是否有兴趣加入我们的旅行呢？"

花花正不知自己何去何从，也对兄弟俩的旅行产生了兴趣："你们飞往哪里？"

大头提到这里，总是一本正经："听说蜻蜓国的国王，隐居在南方的丛林中，我小时候经常听水下森林的居民讲起他们。在无边无际的森林里，有清澈的小溪，有潺潺的流水，遇见国王将是一生的荣耀，他们是蜻蜓国的巨无霸，而且据说翅上的色彩相当迷人……"

没等大头描述完，美女抢过话头说："国王家族拥有至高无上的血统和显赫的地位，每一只王室血统的蜻蜓都代表了蜻蜓国最高贵的一面。据说王室的金翼家族生活在最远端的天空界。那是一个神奇的国度，居住着无数的臣民。他们体色艳丽、体态优美，和我们北方的小伙伴都不一样。可是我也听说要到达那里，必须历经艰难险阻！"

斌仔犹豫了一下，坚定了信念："我们要挑战不可能！"

花花和黄蜻群相处了一些日子，提议："不如我们去问问黄蜻群的大飞首领吧，他见多识广，肯定知道。"

[蜻蜓小·教室]

蜻蜓：美女还是野兽？

所有蜻蜓，无论是幼年期生活在水下，还是成年在天空飞翔，都是捕食者。它们捕食各类小型昆虫，在美丽的外表之下，隐藏着无比凶猛残忍的一面，甚至会同类相残。它们以华丽和高贵为掩饰，兽性亦可被青山绿水融化，美女与野兽并存一体，进化得无懈可击。

黄蜻群的首领大飞，自称是一名最优秀的飞行员。他游走江湖，也曾见过人类的喷气式飞机。大飞曾经带领黄蜻群穿越高山，经验丰富。

"您好，大飞先生！"大头彬彬有礼。

"你们好啊，我的伙伴们。"大飞喜欢被问这问那，这样能突显他的学问。

蜻蜓小教室

黄蜻

它们无处不在，拥有让人难以想象的庞大种群。它们的适应力极强，即使是在最寒冷的地区和最干旱的沙漠几乎都可以见到黄蜻的身影。黄蜻是蜻蜓目唯一一种世界性分布的种类，并具有长距离迁飞的习性。我们在城市中见到的漫天飞舞的蜻蜓几乎都是它！

▲ 黄蜻（*Pantala flavescens*）

"我们很想开始一次旅行，去见远方的国王和贵族，可是不知道怎么去，大飞先生，您的飞行经历丰富，能带我们去吗？"这是碧伟蜓和黄蜻的对话。

"我当然知道，还知道你们家族的其他成员也在那边。国王叫作蝴蝶裂唇蜓，他们翅展可达15厘米，拥有蜻蜓家族最宽大的翅，外形很像蝴蝶，因而得名。而裂唇蜓家族在南方非常繁盛，他们统治南方的山脉。我们黄蜻家族曾经和裂唇蜓家族建交，并在森林中和他们生活在一起，他们性情温顺，很容易亲近。你们伟蜓家族的成员，也有很多在遥远的天空界，他们生活在那片热带区域，也是贵族！"大飞侃侃而谈。

几个小家伙听得好激动，大头无法抑制内心的喜悦："原来我们家族还有其他成员，好期待与他们见面。"

斌仔也上前说道："他们比起我们，长相怎样，会更漂亮吗？"

大飞笑着回答："伟蜓家族都是美的使者，要想知道真相，就自己去找他们吧！"

"可是我们不知道怎么去啊，大飞能带我们去吗？"斌仔问道。

"可惜我们黄蜻家族的飞行路线和你们不同，我要统领家族的成员飞越高山，走一条捷径到达南方过冬。所以你们要想找国王就得自己去找，我可以提供一条航线，也是我们祖祖辈辈的一条航道。可是，这条路并不平坦，一路上会有很多艰难险阻，危险重重，你们愿意冒险去探索这条神秘航线吗？"

"我们已经做好了准备，无论多么困难，我们都要勇敢地迎上去！对吧，斌仔？"大头恨不得立刻就飞去，他相信斌仔和他的意见是一样的。

"绝不退缩，一路向前！"斌仔满怀信心地说。

"我们家族的飞行，从来不受约束，你们家族可能会比较喜欢沿着海岸线飞行。你们先飞行到大连沿海，那是北方的最后一站，要在那里停留几天，吃饱喝足，然后穿越中部。那些大城市很繁华，但是有时空气不好，你们要迅速飞过那里。继续向南飞，到达华南沿海，就可以见到国王家族的成员。等你们拜访了国王，就往西部飞行，最后抵达目的地，一个叫作天空界的地方，那里冬季温暖，我们可以在那里汇合！"大飞为他们制定了路线。

"在你们启程之前，我还要带你们去一个重要的地方，面见临冬城的首领。其实我一直在此等候伟蜓家族的新生一代，挑选合适的使者代表临冬城去完成使命！今天终于等来了你们，我相信你们可以胜任！"

"究竟是什么样的任务呢？"大头和斌仔好奇地问。

"等见了北境之王你们就知道了。你们愿意随我前往吗？请你们考虑清楚，这是一项任务。如果你们同意，就要有所承担，要有责任心。当然这也是一项荣誉，可以作为国家使臣出席蜻蜓王国的国会！"大飞解释着并鼓励两个勇敢的青年。

"当然愿意！"兄弟两个毫不犹豫，异口同声。

"我准备和黄蜻群一起前往天空界，就不和你们同行了！如果有缘我们自会相见！"花花婉言谢绝了与碧伟蜓兄弟同行。

"但愿某天，我们这些伙伴可以再相聚，向天空界出发！"大头和斌仔心无杂念，两个无畏的勇士毕竟会给临冬城的未来带来美好的新篇章。

新的一天来临，大飞带领着碧伟蜓兄弟，来到了北境之王的居所。在这里，一群蓝衣卫士守卫着城门。他们在大片的芦苇塘上悬停飞行，目不转睛地观察着一切！

"你们好，蓝衣卫士，我终于找到了最合适的使者，特地来向北境之王禀报，请您通报一声！"大飞非常有礼貌地请求。

"还请各位稍等！"蓝色卫士飞向高处通报，不一会，一只华丽的蓝色蜻蜓飞近，北境之王"森蓝"出场……

"很高兴见到你，大飞！"森蓝的语气很庄重，让大头和斌仔略显紧张。

"尊敬的首领，我是来兑现诺言，带领最合适的使者来面见您。我们黄蜻家族的成员在整个临冬城挑选最合适的使者，这一对孪生

极北蜓

　　这是一种在中国东北地区比较容易见到的蜻蜓。而它所在的属——蜓属（*Aeshna*），都集中分布在中国北方较寒冷的地区。它们多以黑色、蓝色和黄色的搭配作为装饰，给寒冷地区的夏天添加了更丰富的色彩元素。

▲ 临冬城首领——极北蜓（*Aeshna subarctica*）

兄弟绝对是合适的人选！”大飞向森蓝推荐了大头和斌仔。

　　“非常感谢你的大力帮助，我想是时候该启动这项任务了。”森蓝开始严肃地说，“这是延续几千年的传统。你们看，这枚金色的勋章是用临冬城的种子炼成的，它代表了临冬城60种蜻蜓居民在这片北方的土地安居乐业，也代表了我们对国王家族的忠心。你们要亲自把它交给国王，并把我们这里的一切亲口告诉他，和所有来自各国的使臣共同参加国会，商议要事。蜻蜓家族正面临着前所未有的生存危机，我们的栖息地正在逐渐减少，因此这关系到临冬城的生死存亡！"

"感谢您的信任，我们一定不辱使命，哪怕牺牲生命也在所不惜！"大头坚定了信念，一定要把这个重要的任务完成！

"勇敢的孩子们，请允许我作为首领，并代表所有的臣民，向你们致敬。此去路途遥远，危机重重，你们要时刻警惕，祝你们顺利到达国王的居所，海壑国的城堡。"森蓝把这枚贵重的勋章交给了大头，临冬城的命运从此就依靠大头两兄弟了！

大飞准备带领大头兄弟告别北境首领，他们需要一个隆重的仪式，去开启这个伟大的工程，像大头的父辈那样，长途迁飞！

"那我们明早就动身，今天好好休息，老实说我还想去黄蜻群里和大家一起热闹热闹呢！"大头笑了笑。

突然，森蓝非常紧张，语速加快，他叮嘱着大头和斌仔："等等，你们要记住，在飞行途中，千万要留意我们的天敌，这些不是鸟类和蛙类，而是我们的同类。"他吞吞吐吐，"他们是隐藏在南方丛林的怪兽，是国王家族的近亲，但和王室家族的脾气和性格完全不同，他们是大蜓家族，什么都吃，你们千万小心！"

大飞也突然想起他曾经差点成了大蜓的口中餐，惊魂不定："这是真的，记住了，千万小心。还有，飞行是有时限的，你们要在北方第一次霜降之前，到达目的地。"

这是临冬城最后一个宁静的黄昏。小伙伴们聚在一起，享受最后的相聚时光。明天碧伟蜓兄弟们将启程前往南方寻找国王，而大飞和黄蜻群还会在北方生活一段时间，到秋天开始启程。北境之王将留守这片土地，保护这里千千万万的蜻蜓居民。大头和斌仔都投入到黄蜻的大家庭中，痛快地和他们拥抱在一起。美女花花早被一群黄蜻包围，一切都沉浸在欢声笑语中。

大头在羽化后的第10天启程南飞，开始了这条神秘航线和蜻蜓王国的奇幻之旅。他们的下一站将是美丽的海韵之城。

蜻 蜓 飞 行 日 记

第 三 章

海 韵 之 城 篇

▲ 大团扇春蜓（*Sinictinogomphus clavatus*，雌）

| 航 点 解 析 |

  虽然大连市及其周边仅有40余种蜻蜓，可谓是中国蜻蜓资源最匮乏的一处，但这里有我人生最宝贵的一段年华。我把"海韵之城"设置在这里，除了唤起自己对曾经年少痴狂的回忆，更多的是鼓励喜爱蜻蜓的朋友，可能身边见不到丰富的蜻蜓种类，但坚持自己的梦想，终有所获！

  我曾经在这里经历了长达7年的本科和硕士学习。那时从事的是化学工程方面的研究，可以说和蜻蜓毫不相关。但大连却是我人生的一个重要转折点。2006年，我曾经在大连市举办了中国首次蜻蜓展，也正是通过这个展览，我才有幸成为一名专业的昆虫学者。

大头和斌仔的飞行之路到目前为止还相当顺利，他们经过了5天的飞行，到达了一个美丽的海滨国度——海韵之城！

大头总是很小心谨慎地飞行，也时刻留意着斌仔。斌仔却有一颗好奇心，总想着有新的发现，似乎忘记了自己的重要使命。他们飞行的时速有时可以达到30千米，但他们经常被沿途的美景吸引。他们决定在一处开阔的公园湿地休息，在这里，他们遇见了蜻蜓家族的另一些成员。

当斌仔觉得口渴难耐时，他飞近水面，哪知被河岸边枝头上的一只黄色的大个子蜻蜓袭击。大头赶忙冲下来，勇敢地迎上前去。

"不用怕，他不是我们的对手。"大头安慰斌仔。

"晓得，哥也不是容易对付的。"斌仔很自信。

"你们是哪来的家伙，敢闯入我的领地？"这只黄色形似直升机的蜻蜓大声喝道。

"那就看看谁的本事大！"大头判断出此战必胜。

大头和斌仔开始与这只大黄蜻蜓对峙，他们时而互相追逐，时而头对头争斗，两个年轻的勇士毫无畏惧，也显示了伟蜓家族好战的性格。这场战争没有输赢，在互相争斗了一段时间以后，兄弟俩决定飞离这片水域，他们没有猛烈地进攻，也没有任何一方受伤，但这无疑对他们的成长有所帮助，也为他们将来成长为一名合格的领域守护者增加了砝码。

"你觉得我们继续战斗下去谁是胜者？"斌仔问大头。

"当然是我们！"大头开始分析，"他孤军作战，不同于我们团体作战。他的个子没有我们大，飞行技巧也和我们完全不是一个起跑线上的！"大头完全相信，伟蜓家族的实力绝对可以打胜仗。

大团扇春蜓

　　大团扇春蜓喜欢大型的水库、池塘等环境，习性凶猛、好战。大团扇春蜓是春蜓属唯一的一种，在中国分布广泛，也是城市中可以见到的大型蜻蜓。它们的腹部末端具有一个特殊片状突起，很容易把它们和其他蜻蜓相区分。

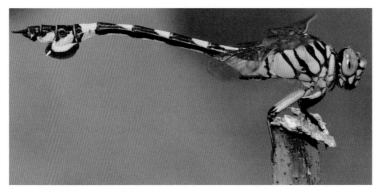

▲ 凶猛的大黄蜻蜓——大团扇春蜓（*Sinictinogomphus clavatus*，雄）

　　他们慢慢飞离了这片水域，高度上升，继续飞行。没多久，一条林间小溪出现在眼前，挺拔的芦苇和水面茂盛的金鱼草把兄弟俩深深地迷住了。

　　"是不是打算下去看看？"大头回头问斌仔。

　　"这是一定的，呵呵。"斌仔的想法是：下去填饱肚子。

　　"聊天终止于呵呵！"大头开起玩笑了。

　　两兄弟从天而降，吸引了这里的居民。一群线痣灰蜻正在忙着交尾产卵，而水面上更繁忙的是来来回回飞行的红蜻。大头和斌仔赶忙先打招呼。

"大家中午好！"

"你们好啊！"灰蜻和红蜻们回应着，然后继续忙碌。

"我们去那些芦苇丛转转吗？"斌仔很好奇。

"好主意！"大头其实看到那边似乎有熟悉的身影。

他们慢慢地滑行过去，突然发现一只蓝绿色的大个子蜻蜓在芦苇里穿梭……

"他是谁？"大头好奇地问，"怎么和我们长得这么像？"

"过去探个明白喽！"斌仔答道。

两兄弟谨慎地飞近水面，他们现在懂得小心行事了。这个大个子家伙，身披绿色外套，身上还布满鲜艳的蓝色斑点，绝对漂亮！其实这是他们的表亲，伟蜓家族的另一成员——黑纹伟蜓。

"您好，先生！"大头主动上前问好。

"你们好啊，看起来是远方的客人吧！"这只美丽的伟蜓也很有礼。

"嗯，我们是路过此地，特来拜访。"大头回答。

"我是这里的首领——蔚蓝，我守护这片山林和这里的蜻蜓子民，我们一起生活在这里，享受这里的青山绿水。"蔚蓝表示欢迎，"你们碧伟蜓使者每年都会经过我这里，也欢迎你们如约而至，请允许我带你们走进城堡。"

▲ 线痣灰蜻（*Orthetrum lineostigmas*，雄）

黑纹伟蜓

这是一种体色非常艳丽的伟蜓属（*Anax*），因其胸部侧面具有两条黑色条纹因而得名。黑纹伟蜓在中国分布广泛，从东北到西南都有它们的身影。它们栖息于山区各种静水湿地、池塘和沼泽，也会光顾流速缓慢的溪流。在云南西部和南部的山区，它们全年可见，是一类颇为常见的蜓科种类。

▲ 黑纹伟蜓（*Anax nigrofasciatus*）

大头和斌仔深深地鞠了一躬，随着首领蔚蓝走进这片蜻蜓国。

"等你们休息几天，继续远行，就要告别北方了，这里的城堡仅居住着非常有限的居民。这里是海洋性气候，温和的海风吹拂着整个城堡。可惜我们黑纹伟蜓不会远足，留守在这片我们成长的水域，世世代代守护着这里。"蔚蓝边飞边介绍，"你们看，那些黑绿色的豆娘，也是这里的土著居民，他们是黑暗色螅家族，很依赖这里的水草和森林，还有，你们瞧，那些肥肥胖胖的蜻蜓，叫作宽腹蜻，他们喜欢那些小沼泽。"

▲ 黑暗色蟌（*Atrocalopteryx atrata*，雄）

▲ 闪绿宽腹蜻（*Lyriothemis pachygastra*，雄）

  蔚蓝介绍着这里的蜻蜓居民，大头和斌仔也正在认识着这个新的世界。

  "哈哈，斌仔，这身段像你。"大头拿斌仔开心。

  "我可没有那么胖啊！"斌仔吓到了。

  "你们看，那边是我的家人，我的夫人正在为传宗接代而努力。"

蔚蓝指着一只雌性黑纹伟蜓，她正在水草上产卵。

"您好，夫人！"大头总是很有礼貌。

"欢迎你们，我的同胞们！"蔚蓝夫人很欢迎两兄弟的到来。

与新朋友熟悉了以后，大头和斌仔尽享了当地的美食，这是他们第一次吃到溪流里的摇蚊，味道好极了。

"请问蔚蓝大王，能不能给我们讲一讲蜻蜓国王的故事，我们还有重要的使命要完成！"大头问道。

▲ 正在水草上产卵的雌性黑纹伟蜓

"我也只是听说，所以你们还是得自己努力去找，我只能把航线简单地介绍一下。当你们越过这片海洋的尽头，就离开了北境，之后你们有好几条路线可以走，不同的路线会有不同的经历，你们可以选择西行，经过一个百花谷，那是一个传奇的地方……"蔚蓝虽然没有见过，但也早知道碧伟蜓家族关注这些，他们把这些飞行的路线一代一代地传下去。

"非常感谢，我们都记下了！"大头高兴地说。

"那就多住上几天，吃得饱饱再赶路！"斌仔拍着肚皮说。

天色渐暗，斌仔和大头同蔚蓝一起飞进森林，在高处他们再次目睹了这片郁郁葱葱的森林和无数的居民。黄昏的森林，鸟儿们欢声笑语，一片祥和。

第二天，大头和斌仔起得很早。他们的前方是一片海洋。

"海上风大，祝你们好运！"蔚蓝和大头兄弟就此拜别。

"再见了！"

大头兄弟积蓄了充足的力量，很快抵达了大连港的海岸线。这是他们第一次看见海洋，被这样宽广无垠的海面征服了。

"好大的海风！"大头吃力地迎着风，几乎不能前进，也只能沿着风向滑行。

"看我，不要逆风，顺风而行！"斌仔掉头乘风飞去，大头跟上他。

他们在海岸线周旋了很久，海风似乎没有表示欢迎的意思，它时不时地把大头和斌仔推开。海上天气瞬息万变，一场暴风雨即将到来，漫天的黑色乌云正快速地逼近。

"不好了，天暗下来了，要下雨了！"大头观测到天象，"我们要躲到城市里去，随我来吧，离开这片海！"大头大声呼唤斌仔。

"跟上你了，不用担心！"斌仔答应。

两兄弟迅速发现离海岸线不远的城市公园，里面有一片树林，刚好可以挡风遮雨。他们正准备降落，正好遇见了一群赶往这里的黄蜻群。这群黄蜻也正在为迁飞做准备，刚好有计划沿海岸飞行。

兄弟俩立刻在高处找到了避风港，并安静地等待暴风雨的到达。

云越发浓密，随之而来的是疯狂的闪电和巨大的雷声。不一会，暴雨疯狂而至。

"你一定要握紧树枝！"大头盯着斌仔，虽然自己握住的树枝已经在拼命地摇晃。

"嗯，握住，绝不放手，你也要坚持住！"斌仔吆喝着。

风加大了，停落在草丛中的许多黄蜻被狂风卷起，并立刻被暴风雨吞噬。倾盆大雨袭来，大头和斌仔的避风港也越来越脆弱，几乎要漏雨了。雨水渐渐地渗透了整个树林，并威胁着每一个蜻蜓居民。大头和斌仔牢牢地握紧树枝，他们咬紧牙，坚持着……这是一场生死的考验。持续了很久的暴雨，终于在漆黑的夜里停止了。在大雨的夜里，大头和斌仔牢牢地抱住树干，这是他们展翅飞行以后第一次经历暴雨，也亲眼看见了许多同类被暴雨夺去了生命。他们经历着、学习着，这些经历最终会帮助他们成为合格的昆虫飞行家。

雨停了，黑夜的宁静被黎明时的阳光叫醒，鸟儿们忙梳妆，蜜蜂们忙采蜜，蝶儿们翩翩起舞。大头和斌仔的双翅都被雨水淋湿，他们现在沐浴阳光，积蓄能量。阳光驱散了他们身上的水滴，让他们再次精神焕发！他们很快再次起飞，踏上寻找神秘国度的旅程。

海风温和了，轻轻地抚摸他们的身体，大头和斌仔也再次来到海边，经历了一场风雨之后尤其需要一顿美餐。

"你还好吗？"大头关心地问。

"没问题，再飞上几天我也可以！"斌仔笑着答应。

"别耍嘴啊，赶紧填饱肚子，今天还要在海上过呢！"大头正拼命地捕食。

大头和斌仔的海上飞行日志非常丰富多彩：他们先是沿着海岸飞行，然后又折向西，按照蔚蓝的路线，经过了3天的艰苦旅行，他们到达了北境的最后一站，中国的心脏——首都北京。

蜻 蜓 飞 行 日 记

第四章

百 花 谷 篇

▲ 亚力施春蜓（*Sieboldius alexanderi*）

| 航 点 解 析 |

　　可能一提起首都北京，大家会立刻想到拥挤的摩天大楼和接踵的人群。而更让人堪忧的是城市空气，雾霾和沙尘暴都时不时地侵袭这座国际大都市，然而这里也是60多种蜻蜓的家园。北京具有明显的温带大陆性季风气候特征，因此是蜻蜓比较适宜的栖息之所。北京地区的蜻蜓，常见的种类可以在城市中的公园、植物园、一些水质条件优越

的河流和沟渠里遇见，而更加珍稀和少见的蜻蜓必须到具有茂盛森林的山区搜寻。北京北部的怀柔和密云地区，拥有山势险峻的峡谷，谷地溪流和河流纵横，为蜻蜓缔造了非常适宜的栖息地。在北京已知的60多种蜻蜓中，也不乏一些中国特色种类，许多珍稀蜻蜓，比如北京角臀大蜓、长者头蜓、北京大伪蜻、山西黑额蜓等都是我国特有物种，而且它们分布的区域十分狭窄，具有很高的保育价值。

北京在我人生的蜻蜓旅途中意义重大。2001—2005年，我在大连工业大学学习化学工程与工艺，非常遗憾的是大连地区蜻蜓状况很不乐观，种类非常少，远远不能满足我的渴望。作为一名本科生，也没有充足的资金去进行远足的行程，于是就把希望寄托在北京地区。那个年代，我能获取昆虫知识的途径非常有限，幸好我在北京地区已经做了不错的调查工作。在春夏时节，我经常利用周末在大连和北京往返寻找蜻蜓，都是一个人的旅行，只为见到一些新鲜的生命。有时心血来潮，无法抑制情绪，也会翘课跑出来。这期间也结识了很多北京的小伙伴们，从孤独的一个人寻找变成一群人的欢声笑语，也更加激发了我对蜻蜓知识的渴望。北京的经历对于我的蜻蜓梦是一个关键的航点。

大头和斌仔又迎来了他们成长过程中新的一章。这是喧嚣的大城市，也不乏美景。不过在大城市的摩天大楼中穿梭或许比他们寻找新的航点更容易迷路。中国的心脏——首都北京，渐渐展现。他们在空中可以十分清晰地观察到北京国际机场的航道上密集起飞和降落的飞机，仿若一只只巨型的蜻蜓统治着这片天空。

大头和斌仔本能地朝着城市中的绿色标记飞去，那些城市中的森林，也是大头和斌仔经停补充"航油"的备降区域。最后他们从天而降，经停北京植物园。一群身披黑色靓丽外套的水上舞者把两兄弟深深吸引。大头相信，自己在北方的选美大赛中，可是数一数二的，可是从来没见过这样的舞者，形似蝴蝶，连飞舞的动作也是模拟蝴蝶。他们立刻拉近距离，好客的黑色舞者将他们紧紧包围起来。

"你们好啊，黑衣舞者！"大头彬彬有礼。

这一大群黑色的蜻蜓，正是黑丽翅蜻，他们以一种慢速的蝴蝶式舞姿，欢迎两位绿色使者——"欢迎来到京城！"

"我是黑豆！""我是皮皮！""我是彩虹！"他们熙熙攘攘，争先来看远方的客人，看起来都是外向性格。

大头怎么可能记住这么多名字，斌仔似乎早已经和这群飞舞的黑色精灵打成一片，他们在池塘上尽情地飞舞起来，忘记了旅途的疲劳。

"听说你们京城可大呢，有很多伟大的发明创造。"大头说道。

"那是人类的文明，可我们家族的日子，没有那么好过。"黑豆先生有些难过，"早年在我们植物园的水塘，还居住着很多邻居，我们世代生活在一起。直到近几年，一种叫作低斑蜻的蜻蜓已经离我们远去了……"黑豆继续感叹着说，"我们的家族，现在也不如从前了，为了生存，我们必须利用残留下来的很有限的栖息地。可是要保

黑丽翅蜻

这是一种十分吸引人的蜻蜓，它们身体上具有金属光泽。翅是大面积蓝黑色并具蓝色、绿色和紫色的光泽。它们的飞行姿态优美，是蜻蜓中最受欢迎的一类。丽翅蜻属中国已经发现7种，而黑丽翅蜻是唯一一种分布在北方的种类，也是大城市中可以见到的最美丽的蜻蜓。

▲ 黑丽翅蜻（*Rhyothemis fuliginosa*，雄）

留住下一代，我们也没有把握。你们看，现在这样的湿地环境，已经越来越少了，或者被污染，或者被人类填掉。"

"在我们的老家，曾听说这里有恐怖的雾霾，使蜻蜓家族的生存受到威胁，可没想到这里还有更致命的威胁！"大头很气愤，"可是怎么躲避呢？"

"你们伟蜓家族可以长距离迁飞，可是多数居民却都是依赖土生土长的水域。保护赖以生存的家园，蜻蜓家族才能繁衍下去，像我们这些城市里的居民，只有依靠人类的帮助，才能继续存活。"黑豆先生指着他们最喜欢的池塘。

"那些低斑蜻都去哪了？"斌仔发问。

"他们早已不在了，据说在京城他们的家园由于遭到毁灭性的破坏，已经消失了！"黑豆很难过地说，"希望丽翅蜻家族不会有同样的命运！"

大头和斌仔都很难过，听到这里，也不禁想到自己家族未来的命运。大头想起，在他小的时候，曾经就经历过自己的家园被改造成农田的经历，也庆幸自己的那片水域没有最终成为人类的生活区，自己幸免于难，最终得以蜕变，展翅高飞。确实，人类影响着蜻蜓家族的家园，他们毁掉蜻蜓的栖息地，但也可以创造新的蜻蜓家园。所以大头和斌仔这对使者，必须面见蜻蜓国王，为了所有北境的蜻蜓子民！

　　京城游的第二天，大头和斌仔决定去拜访更多生活在京城里的居民，今天的计划是寻找深山里的蜓族，询问他们的生活情况。他们要探索神秘的百花谷城堡。按照计划的航线飞行，他们渐渐离开了城市，进入了一片险峻的山脉。北境的最后一道城门，百花谷城堡渐渐浮现出来。

　　刚刚进入城堡，他们就撞见了一只体形硕大的怪兽。他蹲坐在大岩石上，一动不动。

　　大头仔细地打量着这个怪兽，巨大的胸部，长长的腹部，却有个不成比例的小脑袋，真是好相貌，兄弟俩在窃窃私语着。

　　"是谁敢在背后议论我，快出来吧，别看俺的脑袋小，视力可是一流的！"

低斑蜻

在北京地区，一直都有这种蜻蜓的记录。低斑蜻是隶属于蜻科（Libellulidae）蜻属（*Libellula*）的一种蜻蜓，在 IUCN（世界自然保护联盟）的红色名录（red list）中，低斑蜻被列为极度濒危物种（critical endangered）。低斑蜻种群消失的主要原因是它们的栖息地和人类的生活区高度重叠，多是在城市的湿地环境，而低斑蜻本身又是一种比较敏感的生物，所以在环境遭到破坏以后迅速消失。低斑蜻主要在中国华北和中部一带分布，而其在北京、安徽（合肥）等地的栖息地正大量消失，保护低斑蜻已经刻不容缓。建议的保护策略是保护低斑蜻在城市的栖息地，不开发、不占用，最佳途径是建立自然保护区。

▲ 低斑蜻（*Libellula angelina*）

大头不好意思地问：“先生，我叫大头，不好意思，没有贬低您的意思，难道您是叫小头吗？”

“你真幽默，我是这里的门卫，叫安迪！”安迪是一只体形巨大的艾氏施春蜓，他幸运地成为这里进山之门的守卫。

“您好，安迪先生，我们是从北方来的，刚刚到京城，路过此地，特来探望这里的蜻蜓山民，还希望您多指点啊！”大头回答。

“没问题，我是个热心肠！”安迪笑道。

蜻蜓小·教室

施春蜓属

这些体形巨大的春蜓并不容易遇见，它们最显著的特征就是巨大胸部前方的小脑袋。雄性施春蜓非常喜欢蹲在溪流中的大岩石上晒太阳，是山区溪流的守卫者。

▲ 艾氏施春蜓（*Sieboldius albardae*），这只雄虫正停在大岩石上守卫领地

"我和兄弟斌仔，在植物园里遇见了丽翅蜻家族，他们的日子不好过，整天面对无数人的喧嚣和城市的雾霾，还听说了低斑蜻的惨剧，所以我们特地拜访你们生活在大山里的蜓族，也想知道你们过得怎么样？"大头向安迪道出自己的担忧。

"和他们比起来日子好点，我们远离人类的城市，听不到城里的嘈杂，也闻不到汽车的尾气，可是，人类也一步步地逼近我们的家园。他们在山区建立许多旅游观光路线，很多路线建立在我们家族生活的溪流上，更厉害的是他们把溪流毁坏重建，建造出漂流道寻找刺激。一条漂流道可以毁了所有的蜻蜓家族，本身施春蜓家族的成员就少，这种破坏迟早也是要命的！"安迪提起这些漂流道，极为气愤。

"原来你们的生活也并不乐观，怪不得京城的蜓族要联名上诉了。"大头确定了京城蜓族的窘况，准备继续深入调查。

"我们可以进入城堡去拜访一下其他的居民吗？"

"好，我带你们去！"安迪带领他们进入森林。

百花谷的城堡，坐落在一处风景优雅的僻静山谷。这是一片郁郁葱葱的山林，一条清澈见底的小溪从山顶流下。安迪带领他们穿过了无数人修建的栈道，最后进入了百花谷的心脏。这里是蜻蜓族群活动的中心，居民们都争抢着这里的极乐净土。当他们走进溪边的时候，偶遇了一大群长者头蜓和山西黑额蜓，他们正在集群捕食山里的美味。

"他们就是这条溪流的守护神了，头蜓和黑额蜓都是有些贵族血统的，他们是最敏捷的飞行健将，但从来不离开山林，一生守卫在自己的出生地。"安迪解释，"然而当家园受到威胁时，他们可能更容易消失，因为他们对环境的要求非常苛刻。"

大头和斌仔仔仔细细地记录下他们目睹的事实，这些都将在国会的发言上陈述。大头作为临冬城首领钦点的发言人，也将把他一路上经历的事件禀报国王陛下。

大头和安迪聊了很久，他们知道家族的未来和人类密切相关，

▲ 长者头蜓（*Cephalaeschna patrorum*）

▲ 山西黑额蜓（*Planaeschna shanxiensis*）

也知道自己的力量微不足道，但是都期待为家族的延续尽一份微小的力量。一天的考察工作非常忙碌，大头和斌仔几乎没有休息。天色渐暗，百花谷的栈道旁聚集了很多游客，篝火点燃，人们围坐在一起品尝美味的烧烤，山庄里歌声悠扬。大头和斌仔悄悄地停落在避暑山庄旁边，偷偷地监视着人们的举动。

　　清晨时分，百花谷的城堡被烟雾笼罩，仿若仙境。城堡的守护神们，都是早起觅食，他们似乎特别享受这段太阳升起之前的时刻。大头伸了个懒腰，看着斌仔还在睡梦中，决定自己先行动。他慢慢振翅，很快起飞，然而他的方向并非朝向捕食的蜻蜓群体，而是人类的栈道。大头想在人类起床之前，去探个明白。栈道一直通向一条溪流的尽头。他自己查看，溪流已经被人类用工具修葺，天然的泥沙底质已经不在，而是被水泥铺平。天啊！这不是毁了这里的蜻蜓家园？大头看得触目惊心，他仔仔细细地记录下眼前的一切。

　　太阳出来喽！几只贪婪的黑额蜓还没有吃到爽，继续在太阳底下打转。由于这些守护神更偏爱凉爽的天气，所以多数不会暴露在太阳底下。头蜓、黑额蜓成了百花谷最具特色的招牌，也是离开东北进入华北地区的一种指示，他们给北京这样的大城市增色不少。不过大头和斌仔的前行之路定会遇见更多有趣的蜻蜓族群。太阳充足起来，更适合大头兄弟旅行。在守护神安迪爬到那块大岩石之前，他们开启了新的航线，继续南下！

蜻 蜓 飞 行 日 记

第 五 章

神 龙 堡 篇

▲ 叶足扇螅（*Platycnemis phyllopoda*，雌）

航点解析

　　神龙堡位于著名的湖北神农架林区。提到神农架的名字，可能立刻会使人联想到野人。神农架林区位于湖北省西部的川鄂边境，境内万山重叠，地势西高东低，素有"华中屋脊"之称。最高峰神农顶海拔3105.4米（2011年9月2日修正为3106.2米），有"华中第一峰"之誉，最低点位于下谷乡石柱河，海拔398米，平均海拔1700米。气候具北亚热带季风气候特征。神农架林区为湖北省境内长江和汉江的第一分水岭，水系发育呈树枝状，分属香溪河、沿渡河、南河、堵河四个水系。河谷陡狭，多呈"V"字形峡谷，坡降大，水流急，生物种类资源极为丰富。作为我选择的华中地区的代表

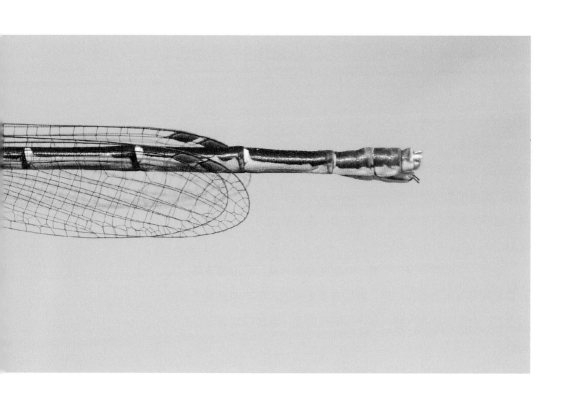

航点，神农架确实是中国中部一个难得的蜻蜓之地。神龙堡，就隐藏在神农架巍峨的山脉之间，然而这条航线却危机四伏……

其实这个航点是我研究非常深入的一个区域。2012—2015年我在神农架林区设置了39个样点进行蜻蜓资源调查，考察期间共获得蜻蜓目昆虫2亚目15科55属88种，可以说是一个重要的成果。这期间先后发现了蜻蜓新种，包括独行头蜓、马蒂头蜓、异色头蜓、神农蜓、神农金光伪蜻。这些新种的发现充分说明了神农架林区的区域特色。从世界动物地理区划上看，神农架属于古北界与东洋界的交错地带。研究的结果显示，神农架林区的古北成分所占的比例已经明显减弱，而且多是一些全国广泛分布型的常见种，而东洋种的繁盛也显示出其优越的气候条件。

　　大头和斌仔的前行之路将是一片荆棘。他们必须飞越万里长江，翻过高山，才能到达前方的未知王国。巍峨的神农架山脉如同擎天之柱，高高地耸立在中国中部，也成了中国南北的分界线。这是大头和斌仔继续前行的屏障。他们知道，要到达南方，必须穿越这片高山。

　　这是一片烟雾弥漫的山脊，气温在海拔升高以后迅速下降。云和雾如同两兄弟结盟在一起，将山脊重重包围，牢牢地遮盖了太阳的光芒。大头在前面引路，斌仔跟随在后面，看起来这场飞行并不理想。

　　"我总觉得哪里不对劲。"斌仔吃力地说。

　　"我也是，"大头回头看看斌仔，"你必须跟紧我。"迷雾笼罩的山谷似乎有些恐怖。

　　"不知道还有多远可以飞过这个倒霉的地方。"斌仔渐渐跟紧，丝毫不敢放松。

　　"你看到前方了吗？越来越明亮。那里一定是阳光明媚的地方，看起来我们离胜利只差一步之遥，加油，你要想到一顿大餐就在前方。"大头用这种简单的方式鼓励斌仔，然而，这个明媚的地方仅是一个假象。

　　"好了，我服了你了，这种地方还有心情想大餐！"斌仔还是没有兴奋起来。

　　"当然，听说山里美食多多，而且都富含营养，吃上一次保证你终生难忘。过了这座山，应该就是传说中的神龙堡了，据说是野人出没的地方。那里一定隐藏着不少神秘的蜻蜓家族，你难道不想拜访一下吗？"大头继续诱惑斌仔。

　　"吃上能保我飞到南方吗？"斌仔在和大头的交谈中，已经慢慢爬升到了山谷的最高峰。

由于极度缺乏在南境高山环境的航行经历，大头和斌仔并不知道，致命的危险已经靠近。高度接近3000米，逼近神农架的最高峰，气温骤降，在十几摄氏度的低温和高山气流的强大阻碍下，他们的前行越来越艰难。猛烈的气流让他们的身体也跟着颤抖，但是他们还不顾一切地向前冲。

"气流让我失去了平衡！"斌仔大叫。

"我也觉得身体快不能控制了！"大头也觉得非常不适。

突然一片云雾夹着雨滴袭来，大头和斌仔被猛烈气流袭击，他们几乎要坠落山谷……

"不好，撤退！"大头做出第一反应，并赶忙警告斌仔。

斌仔听到大头的报警第一时间做出调头的反应，由于他跟随在大头身后，并未遭受到气流的正面袭击，他迅速地逃离了云雾区。

斌仔匆忙地朝着山下飞去，但迟迟不见大头！他盘旋了很久，依然见不到大头的身影……

"你在哪里？我几乎看不到你！"斌仔半天见不到大头，非常紧张。

大头没能及时摆脱云雾，渐渐被卷入气流中……

"大头，大头，听得见吗？"斌仔徘徊着呼唤，还是不见大头回应，他在雨雾层下面来来回回，就是见不到兄弟的身影。

"大头，你在哪里？"斌仔持续不断地呼唤大头。

斌仔意识到情况越来越危急，他毫不犹豫，勇敢地闯进这片雨雾，他发动全身的每一个细胞，像一颗子弹般穿进迷雾……

"大头，听到回复，大头，听到了吗？"斌仔在迷雾中四处寻找，这时的他，仿佛一架执行任务的战斗机。他隐约摸索着大头的位置，并持续地呼唤大头，终于他听见了。

"我在这里！"大头听见了斌仔的呼唤，"我在这里！"

斌仔听见了这微弱的求助声，立刻飞上去。

"坚持住！"斌仔沿着大头的呼唤飞去。

"斌仔，我快坚持不住了！"更猛烈的雨雾正在山谷迅速蔓延，大头已经快被吞噬。

斌仔隐约见到了正在挣扎的大头，飞上去一把抓住了他，他的双眼也几乎看不到前方的路。他用强有力的爪子牢牢地拖住大头，大头也本能地微微振翅，增加动力，兄弟两个竭尽全力往下飞……

这就是神龙堡的死亡之海。想进入城堡的蜻蜓成员，必须经过这一关的考验。然而最终能够踏入神龙堡城门的却屈指可数。这座中国中部最庞大的蜻蜓城堡，充满了危险和迷幻。

斌仔拖着大头不知道飞行了多久，完全处于导航失灵的状态，幸运的是，他们的无畏和勇气战胜了死亡之海。

斌仔拖着大头降落在一片高山灌木的丛林里，隐藏在叶片下面，牢牢握紧树枝。

"怎么样，大头？"斌仔停落在大头身旁，目不转睛地看着他被淋湿的身体，"兄弟，这次你可是被我救回来的，怎么感谢我？"

"救命之恩，他日回报！"大头弱弱地回答。

"你待着别动，好好睡一下！"斌仔停落在大头身旁。

大头被雨水袭击，身体虚弱，渐渐地没了动静。他的确需要安安静静地睡上一大觉。

斌仔一直守在他身边。大头非常安静，似乎连呼吸声都没有了。

"大头，还在吗？"斌仔不忍心打扰大头休息，但又非常担心大头是否正常，所以弱弱地问了一句。

"在，就是有点累，想好好睡下！"大头也知道斌仔对他的担心，于是回答道，"你放心吧，好好休息，我没事！"

斌仔这才放心，自己也准备休息，毕竟他耗费的能量要更多。他不顾一切地冲进云雾将大头从鬼门关挽救回来，体力也几乎耗尽了……

一群不知名的白色昆虫开始在灌木丛上飞行！美食来了！大头和斌仔几乎不敢相信自己的眼睛。斌仔立刻起飞，和一群雀儿们愉快地吃起来。这样至少保证他和大头中有一个精力旺盛，才有机会穿过这座山谷。

"大头，肚子饿了吧，要不要来点美味？"斌仔叫醒大头。

大头还是比较虚弱，但是被雨滴浸湿的双翅已经恢复，而且肚子也在咕咕作响，是该饱餐一顿了："亲，你的胃口还是那么好！"大头开始振翅，要给兄弟一个惊喜。

斌仔正拼命地吃着："当然了，我不挑食，你懂的！"

正当斌仔还在想尽办法激励大头起床吃早餐的时候，大头突然飞上来，并以最敏捷的弧线向斌仔证实了，他依然是斌仔心目中最棒的蜻蜓猎手。

大头开始加入这场早餐中。他们和雀儿们为伴，高超的捕食本领似乎不输于任何一种鸟类。大头越吃越来劲，这些高山的小型昆虫为他们的再次穿越提供了必要的物质保证。半小时以后，这些美食消失了，大头和斌仔决定继续回到灌木丛休息，等待新的机会到来。

山上的天气瞬息万变，云雾在空中飞舞，迅速地飘动。正午时分，天色渐渐明亮起来，似乎有微弱的阳光渗流进来。随着温度升高，大头和斌仔的细胞也活跃起来。云雾越来越稀薄，兄弟两个静静地等待着。

"你认为你可以再次起飞吗？"斌仔还是要先征求大头的意见。

"我想是的，而且我还是领跑者的身份！"大头回答。

"都依你，你在前，我还可以保护你！"斌仔仍有顾虑。

"放心，我们见机行事，如果有情况，我会及时撤退。"大头给斌仔做出了一个准备起飞姿势，他的腹部微微翘起，翅开始震动，并用前足梳理自己的头部。

"那我等你指令了！"斌仔随即也开始准备。

几分钟以后大头和斌仔再次起飞，虽然仍有云雾，但已经不能再阻挡这两位来自昆虫家族的飞行能手。他们是大自然最敏捷的飞行家，拥有强大的飞行肌和高超的飞行本领。

蜻蜓和鸟类

　　大型蜻蜓是非常优秀的捕食者，我们经常可以观察到蜻蜓群和鸟类一起共同捕食的场面，它们可以和平共处。但并非所有鸟类都是蜻蜓的朋友，许多鸟类也是蜻蜓的天敌，比如蜂虎，十分擅长捕食蜻蜓；一些水鸟也十分擅长捕食停落在岩石上的小型豆娘。

　　大头首先冲进云雾，依然有气流在阻碍，大头很聪明，他沿着地面以低空快速飞行的姿态，迅速爬升，斌仔紧随。

　　"斌仔，跟紧我，我们紧贴地面飞行，可以避开这些白色的水汽，这样翅就不会沾到水滴了！"大头看出了玄机。

　　"你绝对是一个优秀的领跑者，"斌仔称赞道，"我以你为荣。"

　　"领跑者背后有这样一个强大的后盾，我也以你为荣！"大头道。

　　"似乎今天的天气不错，虽然有点凉，但是不会阻挡我们的穿越。"斌仔分析了天气。

　　"我们绝对不会第二次跌倒在这里，你看前面，"大头飞行的速度很快，慢慢穿过了云雾，在山顶看到了前方不远处的阳光。"越来越明朗了，不远处就是光明了！"大头很激动，那是真正的阳光。

　　"嘿，我看见了，不用太激动！"斌仔其实内心很激动，因为他还是担心大头的身体状况，到这里他突然如释重负，一切都是那么美好。

　　就这样，在第二次的尝试穿越中，他们完全读懂了死亡之海。在山顶，他们领略了"一览众山小"的美景，尽情地翱翔在崇山峻岭，欣赏神农架山谷壮观的云海景色，也似乎忘记了昨天的痛苦遭遇。这种磨难，也将是他们长途飞行的一个重要过程，在未来的飞行日记里，不知道还有多少同样的经历。

蜻蜓的迁飞路线

　　目前有关蜻蜓大规模迁飞的路线尚无明确的报道，它们的迁飞路线可能并不固定。我曾在2013年8月，在神农架林区进行蜻蜓资源调查。当我们穿越神农架的最高峰神农顶时，遇见了庞大的黄蜻群在穿越山谷，它们数量庞大，在云雾缭绕的山路上，慢速低飞。为什么这些蜻蜓不沿着低海拔的路线飞行，而偏偏挑战高山？答案尚不知晓。但这种现象展现了蜻蜓高超的飞行本领。

▲ 黄蜻（*Pantalaflave scens*，雌）

翻越了山脊之后，出现在眼前的是一片高山湿地。阳光透过云朵稀疏地洒在大地上，也照射到了神龙堡的城堡。这就是著名的神农架大九湖湿地，他们寻找的中部之城。这里是一片蜻蜓的乐土，无数的蜻蜓家族正在享受着盛夏的阳光。大头和斌仔早就被这一望无垠的水面深深吸引住了。

"你还飞得动吗？"大头问斌仔。

"我已经快筋疲力尽了，"斌仔叹气，"好在终于见到了阳光！"

他们加速前行，一路狂奔不回头。太阳的光芒越来越强烈，洒在大头晶莹剔透的双翅上。大头和斌仔再次恢复活力，现在是时候享受大九湖的蓝天白云了。

"要接近水面了，"大头欢呼，"啦啦啦！"

"来了，你知道我不会掉队的！"他们的呼喊声立刻引来了一群土著居民。

一大群停落在草丛上的奇特豆娘起身向两位远道而来的客人行见面礼，他们伸出他们非常奇怪的叶片状的腿。

"你看他们好奇特，看他们的腿，像一片片白色的叶子。"大头好奇地说。

"你瞧他们正用这些叶片和我们讲话呢！"斌仔笑道。

"我们是叶足扇螅，你看我们的足特化成叶片，就是为了向远方的客人问候的！"一位雄性豆娘首领从草丛中飞起，并炫耀自己的白色叶足，"我们扇螅家族在南方很庞大，拥有蜻蜓界最优美的身材和最迷人的色彩！"他骄傲地说。

大头和斌仔暗暗地想：难道豆娘家族还会胜过蜓族吗？

叶足首领继续说："那是在南方的大森林里，那里豆娘家族的兴旺远远胜过你们蜓族，他们统治着那里的池塘、沼泽和小溪……他们拥有更艳丽的色彩和纤细的身材，是一类神奇的生物！"

"我们也听说那里是蜻蜓国最繁荣的地方，等级森严，贵族和大臣们都居住在那里，国王家族也会掠过水面。"大头也把听到的故事搬出来。

叶足扇螅

　　这是一类形态十分特殊的豆娘，特殊之处在于雄性的中足和后足膨大，形成白色的片状结构。飞行时，它们经常将足伸出并不断颤动。雄性之间的争斗、雄性向雌性求偶，这些行为中特化的足都起着重要作用。这种形态上的特殊结构仅在扇螅科（Platycnemididae）的扇螅属（*Platycnemis*）可见，中国仅有2种这样的豆娘。

▲ 叶足扇螅（*Platycnemis phyllopoda*，雄）

　　"而且还有强盗、土匪，还有隐藏在丛林里的怪兽！"斌仔接着绘声绘色地描述着。

　　"土匪哪里都有，我们这里就有，那些灰蜻，就是当之无愧的强盗。他们霸占我们的领地，有很多没成熟的豆娘都被他们掠走成为食物。但我们毫不畏惧，你回头看看我们的家族成员，我们有无数的同胞，靠的就是惊人的数量和无畏的精神！"叶足首领道。

　　叶足扇螅几乎占领了整个河岸，大头和斌仔无法数清他们的数量。当他们自认不如的时候，突然发现了几只巡逻的蓝色蜓族，看起来他们在这一带山区很繁盛。

同类相残

　　同类相残在蜻蜓中非常常见，大型的蜻蜓经常会捕食小型蜻蜓，比如灰蜻可以捕食各种豆娘，或者其他小型的蜻蜓；而大型蜻蜓又会捕食灰蜻，可谓螳螂捕蝉，黄雀在后。有些种类甚至猎杀同种个体，这是蜻蜓血腥的一面，但这样的方式也是一种适应，最强大的个体存活下来，把最有利的基因传给下一代。

蜻蜓的食谱

　　蜻蜓，无论是幼年时期生活在水里，还是成虫阶段生活在陆地，都是捕食者。它们捕食各种小型昆虫，只吃活体，而在幼年期似乎更加凶猛，大型蜻蜓的稚虫是水下凶残的伏击者，它们隐藏在水下，可以捕食和自身大小相当的小鱼、小虾，所以它们是纯粹的肉食动物。

蜻蜓的飞行方式

　　在整个蜻蜓家族，飞行方式可谓是千姿百态。有些像雄鹰一样，喜欢展翅在高空翱翔，这类飞行方式通常是大型蜻蜓特有，比如裂唇蜓家族，它们喜欢集群在峡谷的空旷处慢速翱翔；有一些则非常擅长极速飞行，比如很多栖息于溪流的蜓，都可以像子弹一样穿过水面；有些，就像这些蓝色的蜓属种类，则是以一种在水面上低空定点悬停的方式飞行，这是雄性蜻蜓占据领地展示的一种本领，这些种类可以稳稳地在水面上悬停飞行数小时。

　　"先生们，你们好！"大头主动问好，却没有得到回应。

　　这些蓝色的蜓族似乎对大头和斌仔没什么兴趣，都匆匆忙忙地在水草丛中穿梭。他们和大头擅长的飞行方式并不一样，是以一种定点的悬停方式飞行。这是神农架林区的高山蜓族成员，峻蜓。他们喜欢寒冷的气候，因此隐居于神农架的高山环境。他们是这里的土著居民，也算是皇亲国戚了，而他们身上的蓝色斑纹成了他们的贵族标志。

"他们从不理人，总是来无影去无踪。"叶足首领解释着，"但他们从不欺负我们这些小个子，不像那些灰色的家伙，总是不断地骚扰我们。"

"让我们来对付这些讨厌的家伙！"大头总是乐于助人。

"你们对付不了他们的，他们数量很多，甚至会闯进蜓族的领地，蜓族似乎可以容忍，因为灰蜻从不招惹比他们个头大的，所以我们只能忍受。"叶足首领很无奈，"不管怎样，我们和他们共享一片土地，都是一种缘分！"

话音还没落，一只身披灰白色粉霜的白尾灰蜻打断了他们，这个蜻族成员生性好斗："是谁在背后说我呢？"这只灰蜻大摇大摆地走到大头面前，豆娘们都被吓退，赶紧躲到草丛里。

▲ 峻蜓（*Aeshna juncea*，雌）

▲ 峻蜓（*Aeshna juncea*，雄）

灰蜻属

　　灰蜻属（*Orthetrum*）是蜻科的一个庞大的家族，由于很多种类的雄性在成熟以后身体都会覆盖蓝色、白色或者灰色的粉霜，而多数种类以蓝灰色为主，因此称为灰蜻。灰蜻属蜻蜓的适应性很强，在有污染的水体中仍然可以存活。而它们的分布区域非常广泛，几乎覆盖了中国的任何角落。

　　灰蜻的习性比较凶猛，它们经常捕食豆娘和其他同类，比如狭腹灰蜻，甚至可以吃掉比自己体形更大的蜻蜓。这充分展现了蜻蜓目昆虫的野兽性格。在灰蜻家族，也不乏一些色彩艳丽的种类，中国南方分布的赤褐灰蜻、华丽灰蜻等都具有非常美丽的鲜艳色彩。虽然很常见，但它们也是最著名的蜻蜓种类。中国种类繁多的蜻蜓世界，灰蜻也是少数可以走进公众视线的一类蜻蜓。它们生活的环境既可以是山区的小溪，也可以是静水池塘和湿地。而且在中国南方，灰蜻的一类重要栖息环境是水稻田、白尾灰蜻、异色灰蜻、褐肩灰蜻和狭腹灰蜻都是水稻田常见的蜻蜓，它们可以有效地控制水稻害虫，是一类重要的天敌昆虫。

▲ 赤褐灰蜻（*Orthetrum pruinosum neglectum*，雄）

▲ 白尾灰蜻（*Orthetrum albistylum*）

"你就是欺负叶足家族的凶手吗？"大头问道。

"哈哈哈，凶手？"这只灰蜻笑道，"我们灰蜻一族世世代代生活在这里，享受这里的山水。你是哪里冒出来的小子，敢这样和我说话？"灰蜻非常不客气。

"不管怎样，你们不应该欺负弱小，他们也是我们的同类！"斌仔气愤地说。

"我们灰蜻家族天生的食谱里就有豆娘，改变不了！"突然间一大群白尾灰蜻、狭腹灰蜻、异色灰蜻集体涌现，联盟抗议碧伟蜓兄弟多管闲事。

大头和斌仔并不畏惧这些庞大的灰蜻群，即使数量再多，灰蜻也绝对不占优势，因为灰蜻的个头和碧伟蜓兄弟比起来还是小很多。大头和斌仔继续问道："大家和平相处，不是更好，叶足家族也需要蜻蜓族的爱护，现在我们蜻蜓家族的家园正在逐渐缩小，很多家园被占领。我们要同心协力，共同面对。蜻蜓族和豆娘族都是一家亲，我们希望大家团结在一起啊！"大头希望通过和平谈话解决问题。

一只肥胖的异色灰蜻，似乎是这里的元老，或者是一个资深学者，从他翅上衰老的痕迹看，应该是家族的前辈了。他飞上前来："竞争是避免不了的，适者生存是亘古不变的自然法则。我们灰蜻一族，靠的是自己的本事，赢就赢在我们有着自己的一套策略。你看，就连这片幽静的水域，也避免不了人类的干扰，灰蜻家族抗干扰的能力是一流的。当然我们也不是每天都和豆娘族打交道，当生存空间不足时，灰蜻族为了保证自己的种族延续，才有可能和豆娘族发生冲突，这也是可以理解的！"

大头和斌仔觉得灰蜻学者的陈述也合情合理，他们伟蜓家族，也会时常闯进其他蜻蜓的领地，确实是不可争辩的事实，许多蜻族、蜓族和豆娘族生活在一起，共享一片水域，但各自施展不同的繁殖策略，保证自己的种族延续，没有对错之分。

大头和斌仔也明白这个道理："前辈，感谢您的回答，也给我们上了一课，不管是谁，都要保证后代能更好地生活。只是我们觉得，

▲ 异色灰蜻（*Ortherum melania*）

现在我们共同的威胁是家园被破坏，大家应该联合起来，渡过难关！"

"这一点我们完全赞同，你知道我们隐居在这里，就是为了躲避干扰，和我们相比，生活在城市里的灰蜻族要忍受被污染的河水、汽车的尾气，他们过得怎样大家都很清楚！"灰蜻学者持有同样的态度。

"那我们能否在今天约定，我们这些居民从此和平共处，互不侵犯，共同享受这片乐土？"大头上前大胆地提议，"我们会负责去和神龙堡的首领协商，让蜻族、蜓族和豆娘族成一家！"

灰蜻家族表示同意，这样他们也可以免受蜓族的侵略。

碧伟蜓兄弟、灰蜻和豆娘们聚集在一起，享受着黄昏的晚宴，一片祥和的气氛围绕四周，大头和斌仔开怀畅饮，也对和首领的碰面充满期待。

一排排车队和避暑的人群点亮了九湖坪的街道，路灯微微亮起，农家乐里传来欢声笑语，人们尽情享受着营养丰富、品种繁多的美食。

第二天清晨，大头和斌仔还没有睡醒，就被一群熙熙攘攘的鸟儿唤醒。鸟儿们忙梳妆，似乎也要赶去远方。大头心里也在规划着他们的行程，他们不可能在一个地点停留太久。农家乐的青烟升起，人们也开始了一天的忙碌。是时候该动身寻找神龙首领了。

在大九湖广阔的水域，要到哪里去找神龙首领呢？他们已经见过蜓族的峻蜓了，一些性格孤僻不容易沟通的家伙，神龙首领也会是这样的性格吗？

大头和斌仔起得很早，他们是最勤奋的使者。

"你这大头，这么早叫醒我，我保证神龙首领还没有起床呢。"斌仔揉揉眼睛。

"这里的状况很复杂，你也看到了，家族成员繁多，我们没有见过神龙首领，也不知道他住在哪个水塘，所以必须要早点动身，别忘了我们时间有限，今晚不能在这多住一夜了。"大头已经计划好了今日的行程。

"多待上几天嘛，你看这里山清水秀的，我很舍不得走呢。"斌仔还没有玩尽兴。

"好了，快跟上我，我们先去那个最大的湖打探！"大头飞向一片广阔的水域。

"来了，看我比你还快！"斌仔随大头一同飞去。

湖面上一群肥胖的高斑蜻正在嬉戏，他们在清晨的阳光下非常活跃。大头飞过来，想咨询一下神龙首领在哪里。

"早上好，先生们！"大头赶忙上前问好。

"怎么以前没有见过你？"这些土著居民好奇地问。

"我们是远道而来，路过此地。"斌仔解释。

"喔，原来如此！"一只肥胖的高斑蜻"大智"和他们聊起来。

"我们想知道神龙首领居住在哪里？"大头问道。

"你找神龙首领做什么？他可不容易见到啊。"大智挠挠头。

"我们受豆娘家族的委托，想化解这里蜻蜓家族的一些纠纷，希望神龙首领出面，让灰蜻家族做些退让！"大头说明来意。

"我看未必可行啊，灰蜻族势力庞大，占据着这里大片的领地，我们也尽量避免和他们生活在一起，所以才居住在这片水域，那些灰蜻不会干扰到我们！"大智继续说。

"原来你们也做出了退让！"大头说道。

神农架最具特色的蜻蜓种类

神农架保护区的平均海拔在1700米，因此这里居住的蜻蜓都具有忍耐寒冷天气的能力。许多种类非常珍稀，仅在神农架保护区的几条高山溪流附近出现。在此介绍几个特色种类。

独行头蜓（*Cephalaeschna solitaria*）

这是一个神农架特有的珍稀蜓科种类。因为这种蜻蜓是在神农架保护区1700~2500米的高山溪流发现的唯一溪栖蜻蜓，所以命名为"独行"。

高斑蜻（*Libellula basilinea*）

这是一种体形非常健硕的肥胖型昆虫。它们在神农架大九湖的几处隐蔽的湿地被发现，也是中国特有的一种珍稀蜻科种类。

杨氏华山螅（*Sinocnemis yangbingi*）

这种豆娘体形较为粗壮，它们在停歇的时候，翅像蜻蜓一样向身体两侧展开，而不是合拢竖立在背上，似乎和其他豆娘很不一样。它们喜欢栖息在森林中的小型沟渠，在天气晴朗的时候可以容易观察到它们停落在高山植物上。

"我们生活在这里，和他们互不相干，虽然偶尔也会有一些灰蜻飞到我们的领地，但他们不会干扰我们。"大智似乎并不介意灰蜻家族。

"嗯，那么神龙首领究竟在哪里呢？"斌仔问道。

"你们飞过这几个连片的大池塘，飞到对面的山脚下以后，右转沿着人类的栈道往山谷里走，在最里面的山峰脚下，有一个神秘的湿地，完全隐藏在森林中，神龙首领'蓝山'就居住在那里！"大智果然知道神龙首领的居所，但大头和斌仔并不知道，这群高斑蜻，也是神龙堡最有名气的贵族！

▲ 独行头蜓（*Cephalaeschna solitaria*）　　▲ 高斑蜻（*Libellula basilinea*）

▲ 杨氏华山螅（*Sinocnemis yangbingi*）

"非常感谢，先生们，祝你们生活愉快！"拿到了关键的信息，大头和斌仔没有多停留，立刻飞走了。

他们按照大智提供的飞行路线，很快找到了这片神秘的森林。这里和前面的开阔地不同，是非常茂盛的森林。一条人类的观光栈道一直通向丛林中，一大群寻找野人的游客正在沿着山路游玩，整个山谷里似乎只有喧闹的人群和照相机的快门声，看不到任何蜻蜓成员。大头和斌仔小心翼翼地飞行，他们知道要和人类保持一定的距离，这是一种与生俱来的本能。

当他们飞至森林的边缘，在空中俯瞰，一个圆形的反光区域清晰可见，没错，就是那个神秘的湿地，神龙首领蓝山的家！

"这就是神龙首领的家了！"大头兴奋地说。

"哇，我们找到了！"斌仔也迫不及待了。

兄弟俩急忙飞近水面。这是一个水草茂盛的池塘，水塘四周环绕着茂盛的灌木，把这里装饰得像一个花园。他们绕着水面飞行了很久，也没有见到任何蜻蜓家族。

"为什么这里这么安静呢？"大头疑惑了。

"或许是时间太早，都说了我们不用起得这么早，不如在这里休息吧，静静等待！"斌仔提议。

"好吧，我们还是停到高处吧，你看这里到处是看风景的人群。"大头表示同意。

"我出个主意，我们到对面的小山丘休息，可以观察到这里，但又不会闯进神龙首领的领地，以免带来不必要的麻烦。"机智的斌仔拿定了主意。

"好主意！"大头非常赞同！

大头和斌仔飞到对面不远的小山丘，斌仔选择停落在树林中休息，而大头继续在树梢上盘旋着飞行，慢速地闲逛，但目光一直注视着那片水域。

临近中午，喧闹的人群被猛烈的太阳光吓退，午餐时间到了。人们乘坐观光车，回到农家乐继续品尝特色美食了。

突然，一个黑影浮现在水面上，他先是环绕飞行了几周，现在正在水面上悬停。

大头赶紧大叫斌仔："有动静！"

斌仔其实也没有睡，一直耐心地等待大头的讯号，他立刻起身："在哪里？"

"你看，水面上有动静，有蜓族在那里，我几乎可以看到他身体上的蓝色斑纹！"大头觉得那就是神龙首领。

"一定是神龙首领！"斌仔想立刻冲过去。

"很有可能，你说我们这样冲下去，会不会冒犯了神龙首领？"大头还是很谨慎行事。

"神龙首领一定见识多，不会的！"斌仔很确定。

"好吧，那我们下去吧！"大头和斌仔就这样过去问候神龙首领。

当他们刚刚下降到半空，就被这蓝色的蜓发现。他迎上来，在半空中他们展开对话："你们是从哪里飞来的，敢闯进我的领地？"

"您误会了，我们不是来惹麻烦的，是远道而来，路过这里，特求见神龙首领一面。请问您就是神龙首领吗？"大头有礼貌地问。

"哈哈，想见神龙首领，没那么容易，得先过我这一关！"这个蓝色的家伙似乎很不友好。

"啊，原来你不是神龙首领。"斌仔惊慌地说。

"我不是神龙首领，但我是神龙首领的表兄，是这里的护卫大臣，我是峻蜓'蓝晟'，我和神龙首领同属高山蜓族！"他骄傲地说。

"那可否通融一下，带我们面见神龙首领呢？"斌仔问道。

"你们寻找神龙首领是为何事？"蓝晟问道。

"我们是为了……"还没等大头说完，另一只蓝黑色的大型蜻蜓猛地冲过来，很明显他不是冲着大头和斌仔，而是冲蓝晟去的。

"我警告过你很多次了，不要总是借着我的名义惹是生非，坏我名声！"一只更加粗壮的蓝色蜓出现，并立刻吓退了蓝晟，"你们好，远方的客人，我是神农蜓'蓝山'，不知道你们这么辛苦来寻我，有何事情？"

神龙首领——神农蜓

　　2013年6月初在我的一次神农架野外考察中，发现一只即将羽化的蜻蜓稚虫，于是将它带回实验室饲养。这只雌性蜻蜓稚虫采集自神农架大九湖的高山湿地，它在当年的6月下旬成功羽化。从形态上看，它和中国已知其他近似的种类都不太相同。为了找到成熟的成虫和获得更多的生物学信息，当年8月我和同伴再次对大九湖进行搜寻。我们成功地在大九湖找到了这种蜻蜓，雄性的标本对于这种蜻蜓身份的确定非常重要。最终将这种蜻蜓命名为神农蜓（*Aeshna shennong*）并在2014年发表。

　　这是一种体形较大的高山蜓科种类，雄性个体具有蓝色的复眼，身体黑褐色并具有斑驳的黄色和蓝色条纹。雌虫则是黄褐色。神农蜓的发现给神农架的蜻蜓研究增色不少，现在已经正式确定神农蜓的繁殖和一种水生植物小黑三棱（*Sparganium simplex*）密切相关。雌性神农蜓会停落在小黑三棱上产卵，将卵产入叶片内。虽然蜻蜓与植物的关系并不像蝴蝶和寄主植物那样密切，但有些特殊的蜻蜓可能与某些水生植物有着类似的关系。水生植物的根系为蜻蜓幼年的水生阶段提供了栖息和庇护场所。由于神农蜓在大九湖湿地的大片静水水域中仅在第9号湖具有小黑三棱的湿地出现，充分证明特殊的水生植物对蜻蜓分布的影响。

▲ 雌性神农蜓把卵产入小黑三棱的叶片内

"原来您就是神龙首领，非常荣幸和您相见！"大头和斌仔深深地鞠了一躬。

"这些峻蜓是这片山林里我们唯一的表亲，他们家族远比我们兴旺，而我们世世代代隐居在这一片幽静而隐蔽的森林里，与世隔绝。事实上我们的表亲也是我们最大的竞争对手，他们时不时闯进我们的领地，企图霸占这里。虽然我们表面上很和睦，从不正面冲突，但是我不会允许他们在我的家园里逗留。"

"哈哈，原来是个冒牌大臣！"斌仔笑着说。

"没错，那现在你们可以说说你们找我的原因了！"蓝山很严肃地问。

"是这样的，我是碧伟蜓大头，我和兄弟斌仔的故乡远在北方的临冬城，我们想飞往南方去寻找国王，路过此地，借宿一夜！"

"嗯，我懂你们伟蜓家族，长途跋涉，非常辛苦，欢迎你们来到神农架——野人的故乡！"

"难道神农架真的有野人吗？"斌仔很好奇。

"我们世世代代生活在这里，没有见过野人，但是寻找野人的人类可是经常闯进我们的家园！"

"我们已经领教过了，"大头也见识到了这里的人群，"神龙首领，我们遇见了这里的豆娘族，他们说灰蜻们总是霸占他们的领地，让他们生活得很艰难！"

"是吗？但事实上是豆娘族依然很繁荣，他们数量庞大，即使灰蜻也很难战胜他们。"蓝山其实很明白这里的状况，只是没有插手罢了。

"虽然他们家族庞大，但是这样的矛盾如果可以化解，大家不是生活得更有乐趣？我们都是蜻蜓家族的成员，如果可以相互信任、相互依赖、和平共处，不是更有利于蜻蜓家族的延续吗？"这是大头期待的。

"话虽如此，但每个家族都有自己的生活习惯，也都有自己的家族领地，可能有些共同生活在一片水域，就难免有竞争了，这不是一个容易解决的问题！"蓝山很为难地说。

"您是首领，我想大家都会听您的，能不能我们召集所有的蜻蜓成员，开一个蜻蜓大会，您颁布一些法规，划分一些领地，让这里的每个居民都可以安居乐业？"大头正在出谋划策，"我们伟蜓愿意做志愿者，协助您工作！"

"这个神农架大九湖湿地，一共有9个湖，我们神龙蜓只隐居在9号湖里，多年不理外面的事情，或许没有尽到首领的责任，可能也是时候该好好管理一下了。这样吧，容我考虑一下，我要和我的家人商议后再做决定！"

"真心希望您能出面！"

他们聊着聊着，突然一群雌性神农蜓出现，这些都是蓝山的妻子，她们要为了神农蜓的种族延续而辛苦地繁殖。正午时分，她们纷纷出现，顶着烈日在水草上产卵。

没有完全成年的大头和斌仔安安静静地看着神农蜓家族，似乎在思考着什么……

"你们看，我的家人都来了，我要守护在她们身边，保证她们顺利地产下宝宝，以免受到峻蜓的骚扰。你们先行前往1号湖，通知所有的蜻蜓居民召开会议，我随后就到。"蓝山还是决定走一趟。

"太好了，我们立刻动身，等待您的到来！"

▲ 神农蜓（*Aeshna shennong*，雄）

大头和斌仔从9号湖出发，一路经过大九湖的所有9个湖，最终到达1号湖，他们把通知下发给每个居民。在1号湖，蜻蜓群陆陆续续涌入，这里的居民十分响应首领的号召，也都期待着新的法规颁布，来改变这里的不和谐。

　　下午5点，居民们都到齐了，各个家族都委派代表和委员出席会议，大家静静地等待首领的到来。太阳变得温柔了，空气没那么热了，在不远的天空，一群峻蜓排成"人"字，组成了护卫队，护卫着神龙首领，缓缓飞行而来。

　　所有的居民都欢呼着，热烈期待着首领到来。对于这里的很多居民，他们也是第一次见到首领，难掩心里的紧张和激动。"女士们，先生们，我是神龙护卫队首领蓝晟，我郑重地向大家宣布，神农架大九湖蜻蜓家族代表大会正式开始，我们欢迎神龙首领蓝山致辞！"

　　"亲爱的居民们，大家好，很高兴和各位家族的代表在这里见面，有很多素未谋面的朋友，非常感谢你们的到来。神龙堡的蜻蜓家族世代生活在这片乐土上，能够有今天的繁荣来之不易，希望大家珍惜今天的繁荣，也为家族的延续尽一份力量。很抱歉我们神农蜓家族隐居多年，没有及时尽到首领的责任，请允许我向大家表达我深深的歉意！"蓝山很有礼貌地向所有来会成员问候。场下掌声热烈，豆娘家族很多成员热泪盈眶。他们很激动：终于可以改变自己的生活现状了！

　　"我们大九湖的9个湖，可以为我们所有的居民提供充足的居所和食物，所以大家不必担心。我经过细致的考虑，分配如下：1号湖，叶足扇蟌家族；2号湖，灰蜻家族；……9号湖，还是我们神农蜓家族！"

　　因为首领做出了很多调整，这样避免了很多竞争。他维持了原有的格局，把自己家族留守在面积最小的9号湖，而给豆娘家族、灰蜻家族等大家庭分配了足够的空间，被给予了高度的好评。从此，各个家族互不干扰，共同和平地生活在这里。

　　"尊敬的首领，作为一位外乡蜓族，我深深地表达我对您的崇拜和尊敬，您把最好的居住环境都留给了其他家庭，而把最小的生活环境留给自己，这种无私的精神值得我们每个居民去学习。我相信未来这里的蜻蜓家族必定是一片祥和，一片繁荣！"大头激情的演讲也博得了热烈的掌声。

"我们灰蜻家族保证，从此绝不侵犯豆娘家族的领地，保证与他们和平共处！"灰蜻委员发言。

"我代表豆娘家族向尊敬的蓝山先生，向灰蜻家族，向其他所有居民致以最崇高的敬意，我们也保证一定遵守各种规定，和大家和平相处！"豆娘委员发言。

…………

大会在一片欢呼声中结束，居民们共同聚会，共同庆祝。大头和斌仔也被给予了特殊的招待，是他们的热心，让这里的居民有了更加美好的明天。当大头和斌仔正开怀畅饮的时候，护卫队长蓝晟走过来邀请说："两位亲爱的朋友，我们的首领蔚蓝先生邀请你们过去。"

"好的，队长！"大头欣然接受。

"我还有一件事情要向大家宣布，能够达成今天的共识，有两位朋友功不可没。大家可能都不陌生了，他们是大头和斌仔，远道而来的朋友，他们为了我们神龙堡的居民做出了很大的贡献，为了表达我们的感谢，特向两位友人颁发和平奖章，并特许以后再到神龙堡的伟蜓家族都享有最高的待遇！"蓝山把一枚绿色的和平勋章颁发给了大头和斌仔。这是一项至高无上的荣誉。

欢呼声、掌声沸腾了整个山谷。大头和斌仔非常开心，尽情享受着这里的美好时光。这一站，他们经历生与死的较量，也目睹了喧闹的人群。然而最重要的是他们为这里的蜻蜓家族开启了新的篇章，在蜻蜓栖息地迅速消失的今天，如何合理、充分地利用这些有限的生存环境，才是生存大计。明天他们将要启程前往下一站，未来又会有怎样的惊喜和经历，大头期待着。相信这枚和平勋章一定对他们接下来的访问很有帮助！

蜻 蜓 飞 行 日 记

第 六 章

天 堂 岭 篇

▲ 斑丽翅蜻（*Rhyothemis variegata arria*，雄）

经过了神龙堡的历练，大头和斌仔更加成熟稳重了。成长，像是生命中的一张电影票，记录着他们一点一滴的蜕变。大头期待的成人的色彩，也降临到了他的身上。年龄，是真相的一把拆信刀，也刻画着岁月的痕迹。在天堂岭，大头继续品味着时间的味道。

广州这座伟大的城市，作为一个国际大都市和中国南方的一线城市，除了繁华的街道，美丽的"小蛮腰"，也是一座蜻蜓之城。这得利于广州无比优越的气候条件。广州是一个多雨的城市，充沛的雨量给蜻蜓们创造了更多的栖息地。广州市的后花园，著名的南昆山，是一个非常重要的蜻蜓栖息地，那里居住着160种蜻蜓。

广州对我来说是一个重要的城市，这是我踏入蜻蜓专业研究的起点。2006年，我结识了中国的蜻蜓学家江尧桦先生。我们很投缘，在他的帮助和鼓励下，我参加了华南农业大学的博士入学考试，并最终与我的恩师——童晓立教授相遇。最终我以专业第一的成绩考入华南农业大学昆虫学系，报到的时候被称为"昆虫1号"。在2012年，我在广州顺利完成了博士的学习，成了一名靠蜻蜓研究拿到博士学位的农学博士。

　　大头和斌仔一路向南飞行，这期间他们经历了风雨、寒冷和无数的艰辛，但这些对于他们来讲都是微不足道的。翻越了神农架的高山以后，他们的飞行等级进一步提升。经过接近1个月的飞行，两兄弟几乎已经到达成熟的年纪，成长为健壮的碧伟蜓。这也预示着他们即将为种族的延续而拼搏努力。

　　大头和斌仔现在正在中国华南地区的领空。湖南、江西、福建、广东几省境内山脉和河流纵横，峡谷和森林为蜻蜓缔造了无数的栖息地。这里是中国蜻蜓家族最集中的地区，居住着无数的贵族、大臣，当然也是国王家族频繁出没的地方。大头和斌仔第一次领略到大自然的波澜壮阔，在山谷上翱翔，乘着风，俯瞰群山，逍遥自在。他们顺利地穿过了湖南省、江西省和广东省的交界地区，并最终进入广东省境内。广东北部的南岭山脉，如同一道高耸的屏障，矗立在湘赣粤三省的交界处，从北方来的冷空气在这里被阻隔，山脉削弱了冷空气的威力，使广东南北的气候差异显著。广东南部全年温暖舒适，这也成了蜻蜓家族兴旺的重要原因，优越的气候条件和充沛的降雨创造了一片绿洲。南岭山脉的最高峰石坑崆，海拔1902米，巍巍峨峨，直插云霄，人们誉称它为"广东屋脊"。

　　这条航线是在沿路与经验丰富的蜻蜓家族打探以后经过认真思考确定的，这期间他们还听说了很多有关神秘森林中幽灵的故事，其中包括恐怖的巨兽——大蜓家族，这也更增加了他们的好奇心。虽然大头和斌仔的体形在蜻蜓家族中算是比较巨大了，也很少畏惧其他同类，甚至可以和鸟儿们一起和睦相处，但是他们还是很警惕，这样的怪兽究竟会隐藏在哪里？还是最好不要遇见了，大头心里默默地担忧着。在神农架顶峰死里逃生的大头，回想起那段经历有些发怵，但依然充满自信。

"大头，你可以吗？"斌仔还是有些顾虑，这些高山的气候总是瞬息万变，让蜓儿们难以琢磨。

"我当然可以，放心吧！"大头充满自信。

"那我们去前方最高的山脊领略一下这里的神奇吧！"斌仔很有勇气，"大头，你随我来！"

"好的，这次你打头阵，我做后防！"大头紧跟着斌仔。

"天气不错喔，抓紧时间啊！"斌仔在风中滑行得非常自如。

"难得好天气，这样的旅行真是让人痛快，我几乎可以完全乘风滑行前进，好省劲！"大头航行着，时不时展示越来越高超的飞行本领。

"你看下面那条灰黑色的纽带，一直蜿蜒上去。"斌仔发现了什么。

"哈哈，那是人类的公路。人类很有智慧，他们的交通工具可以轻松地带领他们爬到山顶！"这位博学多才的大头解说。

"那我们岂不是可以沿着这条公路寻找到山脊的最高峰吗？想不想领略一下那里的风景啊？"斌仔笑道。

"当然，梦寐以求，我们还等什么呢？"大头积极响应。

斌仔和大头非常轻松地穿越了一座又一座山脉，太阳的光线透过稀疏的云朵投射到群山中，风光无限好。他们似乎没有费劲就飞到了最高峰，人类修建的山顶观景台清晰可见。

斌仔叫道："你看，那是人类修建的观景台，居然可以在这么高的地方！"

大头答道："可惜人类不会飞，最美的风景还是只有我们见得到！"

斌仔撇了撇嘴说："幸好人类不会飞，不然天空多了不少竞争对手。"

"说的也是，他们占据陆地，我们占据天空，各享有一片空间。"

两兄弟说着笑着，不知不觉飞到了观景台。山顶很空旷，风力也加大了很多。他们现在要花费更多的体力来完成前进的动作。虽然天气完美，也没有死亡之海的阻碍，但是逆风还是使两兄弟气喘吁吁。终于爬到山顶了……

他们完全没有想到，眼前出现的画面，让他们目瞪口呆：一大群黑色的大个头蜻蜓在2000多米的高空乘着气流翱翔。他们的体态非常优美，尾巴非常细长，看起来似乎比大头和斌仔更会利用气流飞行，像一只雄鹰，笼罩在整个山谷的领空。而两兄弟也突然想起来传说中的怪兽，难道他们就是那些恐怖的巨兽？

斌仔和大头犹豫着是否要靠近……

"难道这就是传说中的大蜓？那些凶猛无比的怪兽？"斌仔战战兢兢地问。

"似乎不是，据说那些怪兽具有非常恐怖的嘴脸，他们的大牙可以一口咬穿猎物。"大头仔细打量着这些庞大的蜓族，"你看他们的脑袋圆圆的，没有那么长的大嘴巴，应该不是凶猛的大蜓族！"大头很确定。

"圆圆的脑袋，长长的身体，优美的飞行姿态……"斌仔描述着他看到的相貌特征，"他们看起来'萌萌哒'！"

"是王室家族裂唇蜓！"兄弟两个异口同声地说道，也异常的激动。他们经过几千千米的长途跋涉，为的就是寻找这些王室成员，这一刻是一个见证传奇的时刻。

"他们会不会很凶？"斌仔继续发问。

"据说他们都是非常温顺的性格，是非常难得的绅士！"大头确实对王室家族的了解比较多，他清清楚楚地记得每一个打听到的细节。

这群在高空翱翔的蜻蜓正如大头和斌仔所分析的，是一个由30多只长鼻裂唇蜓组成的群体。他们在此处聚集，除了享受高山上的新鲜空气，还享受着高山昆虫的美食盛宴。这是大头和斌仔遇见的第一个真正的皇族。

⌈蜻蜓小教室⌋

蜻蜓的飞行习性和飞行能力是一回事吗？

从飞行能力上可以将蜻蜓分成两种生态型，一类是飞行型，一类是停歇型。飞行型的种类主要是指一些具有长时间飞行习性的蜻蜓，包括蜓科、大蜓科、裂唇蜓科、大伪蜻科、综蜻科和部分蜻科种类，例如我们所熟知的"大头"碧伟蜓，可以长时间在水面上巡逻，而很难发现它们停落。再比如之前提及的"巡洋舰"大伪蜻家族的成员，它们可以绕着池塘周边飞行一整天而不休息。其他的蜻蜓成员，包括春蜓家族和蜻族还有几乎全部的豆娘，都是停歇型，它们以长时间停落为主，时而飞行或在空中争斗。但即使是这些停歇型物种，也都有很强的飞行能力，它们也可以快速穿梭在森林中。所以飞行型和停歇型是两种不同的习性而并非代表飞行能力，停歇型种类也可以有很强的飞行能力。

两兄弟都迫不及待想和这些贵族聊上几句，于是一前一后飞上前去。

当他们飞到这处非常空旷的高空才发现，自己的身体已经被风吹得猛烈地颤抖，他们这才意识到原来这些庞大的裂唇蜓才是真正的飞行家。两兄弟慢慢适应，蹒跚着飞近这群黑色蜻蜓。

一只非常年轻的雄性长鼻裂唇蜓很好奇，看到两兄弟的尴尬局面热情地飞过来打招呼："呵呵，小兄弟，要当心啊，这里可不是谁都能来的地方啊！"

斌仔不服气地说："那我们不还是飞上来了，可别瞧不起啊！"

"哈哈，我是过来帮助你们的，我叫易尔。"淘气的易尔首先来和这两位客人打招呼，他是族群中最年轻的小伙子。

"能认识您，荣幸之至，有生之年能遇见蜻蜓国的王室，我们真是很激动！"大头有礼貌地回答。

"多谢您如此高的赞誉，我们是长鼻裂唇蜓家族，你看我们的面部向前隆起，好像一个长长的鼻子。我很钦佩两位有如此胆识飞到这么高的山脉。"易尔继续说，"这里是高山的空旷地带，虽然风景美到极致，可是风力很大，你们要当心啊！"易尔提醒他们。

"可是你们不也来到这里了吗？你们可以，我们也行！"斌仔是不服输的。

"没错，你看我们的身材，就是为了适应这高山气候所设计的，我们长长的尾巴更容易在大风中控制方向而不至于被风吹走，另外我们的翅在滑行时都是有规律地运动着。"易尔接下来演示起来，"你们看我，前翅和后翅在滑行时相距一定的角度，后翅张开的角度更大，这样更有利于利用气流。"

"原来如此，果真是飞行高手，我们真是惭愧，在你们面前我们的飞行能力确实还有一定差距。"大头深深地感受到了这些长尾巴的功效，也恨不得自己的尾巴再长一点。

"你们也是飞行能手，而且能长距离迁飞，也让我们钦佩。"易尔很谦虚地说。

长鼻裂唇蜓

长鼻裂唇蜓属于裂唇蜓科（Chlorogomphidae）裂唇蜓属（*Chlorogomphus*），裂唇蜓属又被分成很多亚属，而长鼻裂唇蜓则属于华裂唇蜓亚属（*Sinorogomphus*），是一类颇具中国特色的大型蜻蜓。这类裂唇蜓的显著特征是具有非常细长的腹部，略像豆娘的体态。而它们具有高超的飞行本领，可以在峡谷的高空中翱翔。

裂唇蜓是一类非常珍稀的大型蜻蜓，多数种类要到植被茂盛的深山老林中寻找，它们对环境的要求非常苛刻，除了要有非常清澈的山区小溪、茂盛的森林，还要有合适的温度。多数种类不耐热，要生活在具有一定海拔高度的环境，在海拔1000米左右的山区它们种群数量比较大。

2009年8月，在广东屋脊石坑崆，盛夏时节，这里温度依然很低，需要穿一件外套，而山顶的风也更猛烈。当我刚刚站在观景台时，立刻被眼前看到的情景所震撼了，那是几十只长鼻裂唇蜓，它们在高山的空旷处翱翔，在翅完全不振动的情况下它们乘着高空气流滑行，那种飞行姿态非常吸引人。那是我所观察到的一种超级飞行能力，很少有蜻蜓飞到这样气候多变的高空捕食和飞行。在南岭山脉，长鼻裂唇蜓的繁殖地点在海拔700~1000米的山区溪流，而它们偏偏要飞到条件更险峻的高处觅食，毫不畏惧恶劣的自然环境，绝对是自然界最杰出的昆虫飞行家。

▲ 长鼻裂唇蜓（*Chlorogomphus nasutus*）

▲ 飞行的长鼻裂唇蜓（雌）

▲ 飞行的长鼻裂唇蜓（雄）

"不知可否问一句，你们的飞行本领这样高超，为什么不飞到其他地区去旅行呢？守着这一片山谷，岂不是浪费了好时光吗？"大头问道。

"你们有所不知，虽然我们很擅长飞行，但却惧怕炎热，我们忍受不了夏天猛烈的阳光，所以要依赖这些大森林，在这些山岭，气温不会很高，这才让我们感觉到非常舒适。因此我们都隐居在深山老林中。"易尔解释着，"在南方，山林里居住着很多王室贵族，除了我们裂唇蜓家族，还有很多豆娘家族的贵族，他们外表华丽，体态优美，你们也可以去拜访一下，认识更多的朋友！"

"哇，果真是南北有异，想起我们的家乡，最北方的王国，蜻蜓家族成员很有限，南方真好啊！"大头感叹。

"那么说你们是从北方来的了？"易尔很好奇，他并不知道大头和斌仔已经飞行了3000多千米。

"没错，我们飞行了1个月，终于来到这里，真是历经千辛万苦，还差点命丧途中！"斌仔骄傲地说。

"哈哈，1个月，1个月以前我还生活在水下呢！"易尔才展翅飞翔了半个月，也被两兄弟的经历所感动。

"来吧，我带你们到我的族群中看看！"易尔引领大头和斌仔飞进裂唇蜓群中。

当他们被夹在这群王室家族的庞大队伍中在高空飞翔时，感受到的是无比的优越感和自豪感。这些温顺的大型蜻蜓，丝毫没有贵族的架子，随和容易亲近，大头和斌仔也随着裂唇蜓的大队伍品尝着鲜嫩可口的美味。他们在空中飘着，和这群巨兽共享喜悦。

不知不觉一个下午的时间快要过去，大头和斌仔也飞累了，他们需要找到合适的山林休息，于是他们拜别继续飞翔的裂唇蜓家族。

"再见了，今天很高兴能融入你们的大家庭中，让我们倍感温暖！"大头和大家告别。

"后会有期，祝你们旅行顺利！"易尔也向大头兄弟道别。

大头和斌仔朝山下飞去，下山的速度很快，也更容易。他们还沉浸在和王室成员相遇的那份喜悦中，确实这是一段非常愉快的经历，在阳光灿烂的日子享受山水，与裂唇蜓一起享受午餐，真是幸运。然而他们似乎忘记了些什么，他们即将到达的神秘森林，处处隐藏着危险。

大头和斌仔被一条开阔的大岩石溪流所吸引，并准备降落在这里。海拔下降，气温升高，大头和斌仔都觉得口渴难耐，所以都低飞至溪水边取水。当斌仔刚刚低飞靠近水面的时候，却遭到身后一个黑影的攻击。

原来这里是一只凶猛春蜓的领地，从他的名字就可以看出来这家伙不是好惹的。他猛地扑向斌仔，似乎要把斌仔拖入水中淹死，大头看到立刻上前帮忙，兄弟两人一前一后围住这个讨人厌的大家伙。凶猛春蜓毫不示弱，他用锋利的牙齿咬住斌仔的一条腿不放。这时大头冲上去袭击春蜓后面，他把住春蜓的尾巴猛地撕扯，最后凶猛春蜓不敌他们两个联手，迅速逃脱。大头赶紧上前询问斌仔，不幸的是斌仔受了重伤。在这次搏斗中，他失去了一条中足，绿色的血液正在流淌。斌仔觉得疼痛难忍，大头背起他赶紧躲避到溪边的一棵大树下面。

凶猛春蜓

正如其名字所示，这是一种性情凶猛的春蜓种类。它们的体形颇为巨大，是一种少见的大型春蜓。凶猛春蜓的体态有一处十分特殊，就是它们的腹部，在第8节侧下方具较短的片状突起，而第9节非常长。如果说它们的成虫还不算特殊，那么它幼年时期更为独特。凶猛春蜓的稚虫具有一根非常长的细尾巴，这正是腹部第9节和第10节强烈收缩而形成。猛春蜓属全球仅有这一个种类，主要栖息于山区溪流和河流，雄虫经常停在水面的大岩石上占据领地，并时而飞行巡逻。除了中国南方，凶猛春蜓还分布在我们的邻国越南。

▲ 凶猛春蜓（*Labrogomphus torvus*，雄）

"好痛啊，"斌仔哭着说。

"不要紧，我们是六足动物，少一条腿不碍事的，幸好没伤到要害。"大头安慰斌仔。

"我现在浑身无力了！大头，我还能活多久啊？"斌仔语气微弱。

"你什么时候变得这么脆弱了，都说了，没有伤到要害。你好好休息，放心地睡一觉，我就在这里守着！"大头紧紧贴着斌仔。

"嗯，睡醒了我们立刻飞离这个鬼地方。"斌仔慢慢睡去。

就这样，从下午到黄昏，大头静静地守护着沉睡的斌仔，看到他不断抽搐的身体很是担心。夜晚即将来袭，山林的宁静也再次被打破。

太阳落山，天色微暗，沿着溪流上方，一群不知名的蜓族突然涌现，他们在利用这一天中最后的清凉时光捕食蜉蝣。这个蜓族数量庞大，他们拥挤不堪，都在争抢着这些美味。原来这是一大群出来吃晚餐的遂昌黑额蜓。大头知道他们的体形比自己小好多，但不知道他们又是怎样的个性，所以自己不敢随便上去打扰。经过一番纠结，他还是决定继续留守在斌仔身边等他完全康复再行动。不过今晚就要挨饿了。

夜幕降临，山谷里传出虫儿的鸣叫和蛙儿的歌声，夜行动物纷纷亮相。大头和斌仔安静地睡了，静静地等待黎明的到来。大头期待着明天一早可以看见精力充沛的斌仔，心里一直默默地祈祷……

▲ 遂昌黑额蜓（*Planaeschna suichangensis*，雌）

第二天清晨，大头很早醒来，赶忙望望斌仔，同时也松了一口气。斌仔依然安静地停落着，看起来状态还不错。大头静静等待斌仔醒来。清晨的山谷，云雾缭绕，薄雾如同一条条白色的腰带缠绕着山谷。一群飞舞的蜉蝣再次吸引来一大群黑额蜓。他们在太阳升起之前拼命地吃，为一天的活动攒足能量。大头越发觉得饥饿，当他正在犹豫的时候，斌仔也睡醒了。

"肚子好饿啊，大头，你还在吗？"斌仔揉揉眼睛，似乎已经忘了伤痛。

"当然，我怎能离开你呢，一直在呢！"大头高兴地回答，"你感觉怎么样？伤口还痛吗？"大头赶紧询问。

"感觉好多了，伤口还有点痛，不过我想已经不碍事了，现在特别想来顿大餐！"斌仔的嘴唇开始蠢蠢欲动了。

"我早就饿了，昨晚就错过了一顿美味，好在今早美味又来了，这绝对是千载难逢的好机会，不过有一些起早的家伙，看起来也是我们蜓族的成员，开始享用早餐了。"大头指着正在捕食的黑额蜓群。

"那我们还等什么，快起来，不然被他们吃光了！"斌仔心急了，然后自己先行起飞了。

大头紧随，看着斌仔还能自如地飞行，终于可以松了这口气。

"看你的气色不错，可要多吃点，把昨天落下的一餐补回来。"大头自己也努力地捕食。

"味道真不错，还记得我们在神农架吃过的美餐吗？这些山区的虫子就是比城市里的好，肉多又肥美，一定富含营养，可以帮助我早日恢复体力。"斌仔尽情地享受着。

"没错，保证你吃完精力充沛，能冲上云霄。"大头也在猛吃。

"你看这些家伙吃得很迅速，他们的动作很是敏捷，而且行踪不定，他们的飞行轨迹很奇特，好像是一种跳跃式的飞行啊！"大头观察着自己的邻居们的捕食方式。

"没错哥们，我们是擅长快速和跳跃飞行的黑额蜓族，我叫皮特。"一只热情的黑额蜓向大头打招呼。

"你好皮特，我叫大头，这是我的兄弟斌仔，我们刚刚从北方飞到这里，被这里迷人的环境所吸引，所以在此地休息了一晚。"大头回答。

"欢迎你们，在这座大山，我们蜓族兴旺，族群很多，你们还可以遇见很多小伙伴。"皮特继续说道，"前方的山谷都是蜓族的领地，你们可以到那里游玩！"

"我的兄弟昨天受了伤，现在才刚刚恢复，要等他的身体完全恢复我们再动身，我们也想早点离开这里。"大头难过地说。

"怎么回事，怎么会受伤？"皮特好奇地问。

"昨天刚刚到达这里，想到水边解解暑，还没喝上一口水，就被一个十分不友善的家伙袭击，我们两个和他周旋了半天，才得以脱身！"大头感叹。

"喔，你们是不是惹到那些凶猛的大个子春蜓了，他们的脑袋不大，可是牙齿锋利得很，我们都不是他们的对手！"皮特也很清楚凶猛春蜓的厉害。

"是啊，看起来不起眼的丑陋家伙，却非常凶猛。"斌仔插话，"我的胸口现在还在隐隐作痛，真想再和他斗上一次，报仇雪恨。"

"我劝你们还是不要去惹这麻烦了。这些春蜓性格孤僻，我们从来不和他们打交道。脑袋小就是难交流，所谓头脑简单，四肢发达！"皮特给他们了中肯的建议，"不过我还要警告你们，这山林里，还有更可怕的怪兽，体长超过10厘米，拥有更加丑陋嘴脸的大蜓。如果你们见到他们，不用有礼貌地打招呼，也不必要面子，第一时间逃跑就是了，避免和他们的正面接触。"

"我们早有所闻，他们就居住在这片森林里吗？"斌仔赶忙问，这令他非常惶恐。

"是的，不过我们很少遇见他们。其实我们黑额蜓族也被称为幽灵，因为我们惧怕太阳光，是在光线很弱的时候才活动，这样也可以使我们免受大蜓和春蜓的骚扰，从而保证族群的延续，所以我们从来不和他们争什么！"

幽灵蜻蜓

在盛夏时节，森林中经常有这样一群奇特的蜻蜓，它们惧怕太阳光，白天不活动，但在光线较弱的时间，比如清晨和黄昏，它们在森林边缘的林荫处游窜，可能只能看到它们飞行的影子，好似幽灵，更有一些幽灵则是以极为快速的飞行掠过水面或者林荫路。可能去过森林中寻找蜻蜓的爱好者们都不会错过这个特殊的蜻蜓活动时间。

具有幽灵习性的蜻蜓主要集中在两个类群，一个是蜓科（Aeshnidae），另一个是综蜓科（Synthemistidae）。溪栖的蜓科有很多具有此种习性，比如故事中出现的黑额蜓（*Planaeschna*），还有一些头蜓（*Cephalaeschna*）、佩蜓（*Periaeschna*）、长尾蜓（*Gynacantha*），等等，这些蜻蜓在黄昏宝贵的时间内飞行、交配、产卵、捕食，几乎所有的生命活动都聚集在这短短的时间内，有些飞行时间真是短得可怜，大约不到20分钟。它们的显著身体特征是具有异常发达的复眼，敏锐的视力帮助它们可以在光线微弱的条件下迅速地飞行并精准地捕捉到飞行的昆虫。溪栖的蜓科物种是我国重要的蜻蜓资源，多数种类是中国特有，具有很高的保育价值。

▲ 遂昌黑额蜓（*Planaeschna suichangensis*，雄）

▲ 幽灵蜻蜓琉球长尾蜓（*Gynacantha ryukyuensis*，雄）的头部，有着巨大的复眼

"怪不得我在昨天傍晚很晚的时候才看见你们族群出现。"大头说。

"我们要在早上太阳升起之前吃饱喝足，然后白天躲进茂盛的森林中，黄昏时才出来。"皮特过着一种完全不同的生活，"不好意思，我要走了。"

"等等，我们还想问问更多怪兽的事情。"大头想跟上去问明白。

还没等大头和斌仔问清楚，皮特瞬间消失在茂盛的丛林中。在皮特消失后太阳光猛烈地照射进森林，唤醒了更多沉睡的居民。这些清晨飞舞的美食也瞬间消散，崭新的一天开始，丛林的怪兽也即将登场……

太阳渐渐猛烈，鸟儿们也躲进家中躲避炎热。而阳光也让很多喜欢睡懒觉的蜻蜓从睡梦中醒来，开始一天的繁殖活动。许多灰蜻家族的成员在这里也相当常见。而在溪流中的大岩石上，一群长着奇特尾巴的春蜓正忙碌着，这些是环尾春蜓，他们的尾巴末端特化呈环状结构。这些春蜓性格温顺，但在太阳底下很活跃，他们中的

▲ 环尾春蜓的代表——驼峰环尾春蜓（*Lamelligomphus camelus*）

很多成员在水面上方低空定点盘旋，来确定自己的领地内没有其他同类。大头和斌仔继续在林间穿梭，观察着这些不认识的居民。不久，他们来到一处有人类活动的区域，一个自然保护区的保护站。人类修筑的人工池塘和一些小型沟渠吸引了很多蜻蜓居民。这里人类和蜻蜓们共同生活着，人类给蜻蜓家族建造繁殖所需的水池和小溪，而蜻蜓们帮助人类消灭害虫，比如蚊子、苍蝇等。一位护林员正在检查保护区里森林的状况，几只灰蜻正围绕着他，好像是人类的宠物。大头和斌仔还是保持着警惕，他们始终和人类保持着距离。

"这些是不怕死的家伙啊。"斌仔看着灰蜻和人类如此近距离的接触，不禁说道。

"人类和蜻蜓族也可以一同生活，互相为伴，你看他们和人类似乎很熟悉。"大头似乎想飞下去来一个与人类近距离接触。

"你要下去吗？我劝你不要这样做。"上次惨痛的教训还深深印在斌仔的脑海里，他现在做任何事情都要三思而后行。

"放心，我只是试探，不会下去的！"大头一直是个细心的家伙。

护林员走进森林深处，灰蜻成员继续在路边玩耍嬉戏。一群蜜蜂路过，遇到大头和斌仔，小蜜蜂"哈奇"上前打招呼。

"你们好啊，你们应该是新来的吧？"哈奇问道。

"我们只是路过这里。"大头答道。

"这是我们新采来的花蜜，好香甜，你们可以品尝一下。"哈奇说道。

"确实很香甜，我们闻到了，不过我想我们还是对蚊子和苍蝇更感兴趣！"大头笑着说。

"那些苍蝇很是讨厌，经常跑到我们家里偷吃我们的蜂蜜，"哈奇指向不远处的蜂箱，"你们看，那里就是我家，可以请两位喝杯茶。"

"咦，这不是人类建造的房屋吗？你们为什么和人类住在一起呢？"斌仔很疑惑。

"没错，我们是住在人类的屋檐底下，我们的家也是他们给建造的，很舒适，我们和人类一同生活，互相依赖，他们从来不会伤害我们。"哈奇很骄傲能和人类生活在一起。

"真幸福,衣食无忧的生活。"大头羡慕地说。

"人类不会伤害蜜蜂,可是你们蜻蜓却经常来打扰我们!"哈奇抱怨起来。

"这……"大头哽住了,"我和斌仔绝对不会伤害你们。"

"我当然知道,"哈奇指向蜜蜂的航线,"你们看,蜜蜂都是沿着这条路线飞行,但是经常有一些野兽来袭击我们,我的很多亲人都没法逃脱他们的追杀!"

"你是说……"斌仔和大头互相看了看,都想到会不会是霸道的大蜓家族干的。

"他们号称是飞行中的宝石,我第一次见到他们也是这样认为,他们的眼睛非常耀眼,像蓝宝石,不,或者说是绿宝石。我们总是只能看到他的眼睛,然后就被迷住了,神经错乱,再然后就被张开的血盆大口吞入腹中,真是好可怕!"哈奇似乎有过一些经历。

"你是说你见过他们?"大头和斌仔问道。

"确切地说是天天可以见到,我们都共同生活在这片森林中,他们也在人类的沟渠里生活。告诉你们,就连你们都不是他们的对手。他们很巨大,大得吓人,而且总是突然出现!"哈奇继续说着,"他们从不理会其他居民,甚至人类都让他们三分,我偷偷地听到人们交谈,说他们会优先保护这些怪兽,据说是珍稀动物!"

"这一点没错,你说的怪兽我们从小就听说过,是大蜓家族的成员。他们身体庞大,有美丽的宝石般的大眼睛,身披虎皮状外套,经常在森林中游荡寻找猎物。他们确实是蜻蜓族的王室成员,只不过和他们的亲戚——裂唇蜓家族的性格相差很远,是非常凶狠的杀手。"大头细细地说。

"不好了!"蜜蜂哨兵吹响了口哨,"有危险了!"

只见一只具有蓝宝石般眼睛的巨大蜻蜓一口叼住了一只蜜蜂,瞬间将其吞下,并迅速捕到第二只,场面十分血腥。蜜蜂们被吓退到蜂巢中,大头和斌仔也躲到高处。可是这个怪兽不见了……

林中巨兽——圆臀大蜓

　　圆臀大蜓属（*Anotogaster*）是一类体形巨大的蜻蜓。这类蜻蜓多是以黑色体色为主，并具有显著的黄色条纹，翅狭长并透明，部分种类雌性的翅染有琥珀色，由于本属的许多种类外观非常相似，因此区分十分困难。雄性的肛附器是较重要的分类特征，而身体条纹，例如上颚外方和面部色彩等也是较重要的分类特征，产卵管的长度则是区分雌雄的一个重要特征之一。这些巨兽主要栖息于狭窄而浅的山区溪流和小型沟渠。稚虫生活在泥沙中，需要经过2年甚至更长的时间才能发育成熟。成虫的飞行能力很强，是具有游荡行为的蜻蜓，经常在山谷间滑翔。雄性圆臀大蜓经常在山路和溪流间来回飞行寻找配偶，有时它们会沿着小溪以非常慢速的低空飞行进行巡视，但通常它们不会在一个地点停留很久。在阳光充足较炎热的午后，雄虫经常被发现停留在小溪边缘的树枝上的较低处，暴露在太阳下。雌虫则是以本科特有的插秧式产卵将卵埋藏于水底的泥土中。由于体形巨大，圆臀大蜓的捕食对象很多，包括许多蜻蜓同类，而产自广东的圆臀大蜓具有捕食蜜蜂的喜好，它们经常游窜于蜂箱附近。

▲ 圆臀大蜓（*Anotogaster sakaii*，雄）

"他不见了？"斌仔悄悄地问。

"不知道飞到哪去了。"大头四处张望。

"果真是个残忍的猎手，可怜的蜜蜂们……"斌仔叹息道。

"你看，他又回来了！"斌仔又发现了他，"从那边的山路上来了，嘴里还叼着什么。"

"没错，是他，"这回他们终于看清楚了。这只雄性大蜓，体长接近10厘米，比兄弟俩还要大很多，大头仔细打量着。"绿色宝石般的眼睛，黑黄相间的身体，长长的尾巴，还有那张极为恐怖的大嘴！"

"你看他吃的是一只灰蜻啊！"斌仔大叫，"他吃掉了灰蜻！"

"没想到在这样美丽外表的掩饰下，居然是如此残忍的嘴脸！"大头气愤地说。

"终于见到传说中的怪兽，他们看起来也是如此美丽，但难以靠近，想起和易尔他们在崇山峻岭中的飞行经历，真是太幸运了，我们也算是和这些巨兽曾经有过亲密接触了。"斌仔满足地说，"你看易尔和他长得那么像，但易尔家族那么温顺，那么友善。"

"嗯，所以我们要事事小心，不要轻易被表面现象迷惑。"大头说道，"嘘，小声点，别让他发现我们，看情况转好，我们就离开这里。"

"嗯，见机行事。"斌仔点点头。

他们俩躲在蜂箱上面的茂密树丛中，静静地观察着下面发生的一切。突然，又从丛林中飞出来一只大蜓，接着又出现两三只。在接近中午太阳猛烈的时候，这些雄性大蜓非常活跃，都出来巡山，在人类修筑的小水渠附近徘徊。这几只丛林之王时而争斗，时而嬉戏，都围绕这蜂巢飞行，他们在集体猎杀蜜蜂。

"不知道哈奇是否还活着，可怜的蜜蜂。"斌仔很难过地说。

"他是第一个跑进蜂箱里的，应该安全。"大头说道。

"嗯，希望如此……"

几只大蜓饱餐了一顿，他们一共吃掉了20只蜜蜂和2只灰蜻，然后互相追逐着飞进树林。这时已经是正午时分，太阳的强烈照射迫使大蜓回到茂盛的丛林里，似乎安全了。

"好像安静下来了，他们走了？"斌仔问大头。

"嗯，都走了，他们好像很怕强烈的阳光。"大头似乎发现了这个秘密，他们只在阳光充足的上午出现，在中午以后太阳猛烈了就不再活动。

当斌仔和大头正准备飞下去和蜜蜂哈奇道别的时候，突然，一只体形更巨大、尾巴末端长着长刺的家伙从半山腰飞下来。她并没有冲向大头和斌仔，也没有冲向蜂箱，而是直接飞到了水渠上，她看起来很胆小，似乎在故意躲避着什么，那双巨大的具有绿色宝石般的大眼睛，让大头和斌仔相信这也是一只大蜓，没错，一只12厘米长的雌性大蜓！她在正午的时候顶着太阳出来，就是为了逃避与雄性相遇。

在仔细检查了四周以后，她躲到一处树荫遮蔽的溪流上方，开始了大蜓科所特有的一种产卵方式，插秧式产卵。

"她是在干吗？"斌仔问大头。

"她在生宝宝，哈哈，你看她用尾巴的长刺把卵直接埋在水底下的泥沙中。"大头边说边仔细观察着这只正在产卵的大蜓，她反反复复地重复着插秧的动作，把卵深深地埋在溪流底层。

"我们还是不要去招惹她了，趁着她没有心思理我们，还是赶紧走吧，不然等她发现我们，就太危险了，她可是比雄性大蜓还要大很多啊！"斌仔意识到他们需要赶紧撤离。

"好吧，不过也总算是见到了，那还要不要和哈奇道个别呢？"大头征求意见。

"也顾不了那么多了，赶紧走吧！"斌仔表示反对。

他们两个决定爬升到高空，飞离这片神奇的山谷。蜜蜂哈奇由于和他们聊天，没有来得及逃走，已经成了一只雄性大蜓的午餐。兄弟两个还不知道这个惨剧，不然又要伤心了。善良的碧伟蜓兄弟继续前行了。

插秧式产卵

　　大蜓在产卵时，将身体竖立，腹部频繁地插入水中。它们能够精准地判断出溪水的深度，而仅选择在非常浅而窄的溪流"插秧"，卵被直接埋在水下的泥沙中。一次排卵过程就要连续地"插秧"上百次，因此雌性的大蜓非常辛苦。产卵结束后它们会立刻消失在丛林中。

▲ 正在产卵的雌性双斑圆臀大蜓（*Anotogaster kuchenbeiseri*）

大头和斌仔一路奔跑着下山，或许他们的飞行时速已经超过了30千米。翻越了巍峨的南岭山脉，前方出现的是和缓的山丘。这里的气候更适宜，让他们倍感舒适，温和的风轻抚着他们的双翼，也让飞行更加自如。不知不觉他们已经踏进了中国南方最繁华的大都市——广州市。他们兴奋地在空中飞舞，这里的空气很湿润，食物也很充足。不知不觉，他们飞进了热闹的城市中，在高架桥上，车辆繁忙地往来，一个拥挤而繁忙的城市映入眼帘。在高架桥下面，一片明净的水面把他们吸引下来。这是华南农业大学的树木园，一个隐藏在城市中央的小山丘。在一片茂密的丛林里，有一个幽静的池塘。池塘四周被树木包围，水面上有荷花和茂盛的水草，在这里，大头和斌仔遇见了伟蜓家族的又一个成员。

　　刚刚下到池塘边，大头和斌仔就遇见了一群正在水面上翩翩起舞的美丽蜻族。这是一群美丽的斑丽翅蜻，他们轻缓地扇动双翅，像蝴蝶般在水面上跳舞。接下来又出现几个金色的飞行健将，他们沿着池塘缓慢地巡逻，这种滑翔的能力好似高山上的裂唇蜓，一对对华斜痣蜻在忙着产宝宝。在草丛中一群小个子蜻蜓在聚会，有红色的红胭蜻、红蜻，有灰色的吕宋灰蜻，还有蓝紫色的三角丽翅蜻、黑色的膨腹斑小蜻，枝头上挤满了大个子的霸王叶春蜓，他们坐在高处注视着水面，池塘一片盛世。

▲ 斑丽翅蜻（*Rhyothemis variegata arria*）

▲ 红胭蜻 (*Rhodothemis rufa*)

▲ 吕宋灰蜻（*Othetrum melania*）

▲ 三角丽翅蜻（*Rhyothemis triangularis*）

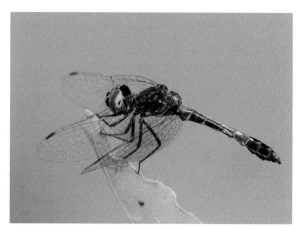

▲ 膨腹斑小蜻（*Nannophyopsis clara*）

▲ 霸王叶春蜓（*Ictinogomphus pertinax*）

大头和斌仔兴致勃勃地空降到水面，他们环绕池塘飞行了几周，向新朋友一一问候。

"你们好啊，各位！"大头向这里的蜻蜓居民有礼貌地问候。

"大家下午好啊，"斌仔也呼唤小伙伴，"这里好热闹啊！"

"你好！"一只美丽的斑丽翅蜻"珊珊"拍打着翅飞到他们面前，似乎故意炫耀着她的动人舞姿，"来找你们家的'绿淘'是吗？"

"我们家的绿淘？"斌仔不明白。

"就是和你们长得一个模样，但个子还大些，穿深绿色衣服的绿淘，呵呵。"珊珊笑着说。

"是吗，他在哪里？"大头问道。

"我们都叫他绿淘，他可能下午会来喔，"珊珊继续说，"绿淘是我们这片水域最大的蜻蜓，不过他很忙。据说他要照顾好几个池塘，附近不远处有个人类的实验楼，实验楼下面的大水塘绿淘也要经常去巡视，所以他可能不会经常出现在这里，但他守护着这里！"

"走，大头，去找绿淘！"斌仔好兴奋。

"你们要去哪里找啊，不如在这里等，他或许过会儿会来的，就在这等，和我们一起跳一段。"珊珊邀请碧伟蜓兄弟加入他们的舞蹈。

"我们没有你们那么美丽的翅，也不会跳这样高难度的舞蹈，还是欣赏你们吧！"大头婉言，他确实不会跳舞。

大头就这样融入了一群鲜艳蜻族的 party（聚会），欣赏异国仙女的表演。

"听说有亲戚来访，我可是赶回来了。"一只拥有同样美丽的绿色大眼睛，身体稍大的绿色伟蜓过来打招呼。大头和斌仔猜到了这就是传说的绿淘，原来有一只华斜痣蜻飞去捎了口信，绿淘才立刻飞了回来。

"大家都叫我绿淘，呵呵，我是斑伟蜓，是这里土生土长的本地蜓，每年这个时节，都有远道而来的亲戚到达这里。"这只斑伟蜓相当绅士。

▲ 华斜痣蜻（*Tramea virginia*，雄）

▲ 斑伟蜓（*anaxguttatus*，雌）

"我们长途跋涉，飞跃千里，终于抵达这里，能够在这里和您相遇，真是有缘！"大头激动地说，"这一路上艰难险阻，我们翻越了好几座大山，也与无数的蜻蜓居民相遇，也曾遭遇不幸和危险，不过好在都化险为夷。就在昨天我们还与丛林的巨兽相遇，来了一次近距离接触，真是开了眼界。"

"我为你们，为我们伟蜓一族感到无比的骄傲。斑伟蜓也有长距离迁飞的习性，只是我们要从这里出发，飞到更南的地区，那将是跨越国界的旅行，不过现在我还想在这里多住些时日，和这里的蜻蜓伙伴多玩上几天。"绿淘笑着说。

"不如和我们一起去寻找国王吧，来个丛林大冒险。"斌仔邀请。

"哈哈，还是你们先去，我还要留守在这里，因为现在是我们家族繁殖的最佳时期，我必须履行我的使命，传宗接代。"绿淘说道，"兄弟们，想不想让我带你们四处逛逛，这里风景可不比山里差，看看人类的摩天大楼，看看美丽的珠江，再介绍给你们我的地盘，这所著名的农业大学里可是有几十个池塘，居住着60多种蜻蜓居民，大家都和睦地生活在一起，共同享受难得的城市生活，这也是另一种情调！"

▲ 斑伟蜓（*Anax guttatus*，雄）

"那我们还等什么，赶快出发吧！"大头和斌仔都兴奋不已。

绿淘随即起飞，他的护卫队也紧随其后，这是一群美丽的华斜痣蜻，他们总是和绿淘形影不离。斜痣蜻排列成"人"字形，把大头和斌仔包围，为他们保驾护航，这样的待遇还真是让兄弟俩过足了瘾。他们这一队在半空中缓缓飞行，俯瞰这座城市，绿意盎然，一片欣欣向荣的景象，一群群整齐的建筑，一排排奔跑的汽车……不久，一条蜿蜒流淌的江水出现在眼前。

"你们看，前面就是珠江了。这是一条生命之河，它的源头远在西部的高山地区，全长有2000多千米，也是我们蜻蜓家族赖以生存的母亲之河。"绿淘不久也将沿着这条河流向西飞行，开始一段神奇之旅。

"你看，那边高高的建筑是什么，好像一根擎天之柱？"斌仔问道。

"美丽的'小蛮腰'，著名的广州塔，这是这座城市的标志性建筑，也是人类的娱乐场所。人类不能飞行，但可以爬到塔上体验高空的乐趣。这里有户外观景平台、高空横向摩天轮、极速云霄极限项目，有悬空走廊，天梯，人类的游戏总是那么刺激。"绿淘引领队伍继续飞向"小蛮腰"。

"哇，造型挺别致，有点像我，哈哈。"斌仔开玩笑地说。

"你哪里有那么性感的身材，你的腰好粗，哈哈。"大头很不赞同。

"反正不是我，也不是你了，我俩都一个样。"斌仔笑道。

"不过绿淘的身材可以和'小蛮腰'有一拼，他比我们要苗条许多。"大头指向绿淘。

"我非常赞同，斑伟蜓也算是在伟蜓家族身材数得上的家族，我们腹部更细更长，这更有利于飞行。"绿淘很骄傲地说。

"想起我们曾经在高山上见到王室家族的裂唇蜓们，他们的身材真是让人妒忌，好优美的线条……"斌仔聊起了这段美好的经历。

"他们长什么样，据说王室血统的蜓族都很高傲？"绿淘好奇地问。

"圆圆的脑袋，黑黑的身体，细长的尾巴，如果只看头呢，是很萌的感觉，如果看全身呢，那真是尽显尊贵。"大头很欣赏裂唇蜓。

"好相貌，等我也到山里去寻找王室家族，来个亲密接触，也比试一下，看谁更美艳。"绿淘也被大头的描述所吸引。

他们在城市里飞行了一大圈，然后回到华南农业大学的校园里。校园门口热闹非凡，很多不同的小吃，飘来阵阵香味，校园巴士停在大门口，等待来回出入的学生们。一进入大门，就有一个开阔的大池塘，那是绿头鸭的领地。一对绿头鸭夫妇带着一群刚出生的幼崽在水边嬉戏。一些美丽的玉带蜻、黄翅蜻在水面上散步。继续往前飞，几个大荷塘呈现眼前，荷花上被蓝额疏脉蜻占据。在资源与环境学院的楼下，有一个水草茂盛的开阔池塘，大头和斌仔发现了更多的伟蜓成员，除了斑伟蜓，也有和自己相同的碧伟蜓。

"你们看，你们的亲兄弟也来了。他们都是从各地飞来，在这里歇歇脚，然后又踏上旅程，和你们一样。"绿淘说道。

▲ 玉带蜻（*Pseudothemis zonata*）

▲ 黄翅蜻（*Brachythemis contaminata*）

▲ 蓝额疏脉蜻（*Brachydiplax flavovittata*）

"简直是一个神奇的国度，见到了这么多亲人！"大头激动地说。

经过了20多天的成长，大头和斌仔已经完全成熟，对这样理想的繁殖地做出的本能反应就是下去寻找自己的新娘。当然他们还需要一点时间，去成为一个有经验的领地守卫者，因为只有这样才能遇上合适的配偶。接近黄昏，斑伟蜓绿淘也要忙碌起来，这是斑伟蜓活跃的时间，他们喜欢在黄昏时交配繁殖。

"好了，兄弟们，今天的一日游你们可还满意吗？"绿淘笑着说。

"绝对满意，感谢你花费时间当向导，还有这一群护卫队员，大家都辛苦了！"大头致谢。

"不用客气，那就请两位在这里多住上几天，玩个痛快。"绿淘邀请他们。

大头和斌仔都觉得这里是一个非常不错的栖身之所，没有争吵，也没有屠杀，好安逸的生活，也都愿意在这里多停留几天，刚好补充体力，于是答应了绿淘的邀请。

"那我先行告退，你们可以在校园内任何地方休息，注意安全，我要去履行使命了。"绿淘赶忙飞走了，他将在一个池塘巡逻几个小时，来寻找配偶。

大头和斌仔继续闲逛，他们回到了最初的那个隐蔽的池塘，继续欣赏蜻族的舞蹈，然后和斜痣蜻护卫队员共进晚餐，在树木园茂盛的竹林里渐渐睡去。

第二天一早，大头起得很早，他心事重重，似乎有什么事情要发生。在雄性激素的强烈驱使下，大头再也不是那个年纪轻轻毛毛愣愣的羞涩小伙子了，他现在是一只强壮的碧伟蜓。从年少到完全成熟，大头的性格也发生了改变，他不再温柔，越发凶猛。这才是伟蜓族的个性。

大头的本能是寻找到一个理想的心仪之地，去等待一只雌性碧伟蜓的出现。他更加喜欢那个伟蜓出没的大型开阔水面，于是他决定单独行动，先飞到那里巡视。

清晨，在鸟儿们还没有睡醒的时候大头起飞了，在林间他先是捕

蜻蜓性格的改变

蜻蜓从羽化时的稚嫩到完全成熟的过程，大概要经历几周的时间，这期间它们的性格会发生明显的变化，尤其是雄性个体。刚刚羽化的个体，很多时候都集中在一起生活，互相依赖，有时可以看见大型的蜻蜓都集群捕食，这个群体有雄性也有雌性。随着年纪增长，雌性越来越难见到，它们都会故意回避雄性，以免受到性骚扰。而完全成熟的雌虫具有非常神秘的生活，完全逃离雄性的视线。雄性在成熟以后，也由童年的玩伴变成了竞争对手，童年的伙伴可以在争夺领地时变成敌人，所谓一山不容二虎，雄性蜻蜓绝对不容许在它的领地有第二只同种雄性个体的存在，一旦发现就是一场激战。

捉自己的猎物，一群飞舞的摇蚊正是他喜欢的食物。很快饱餐结束，那时斌仔还挂在竹林里睡大觉，大头悄悄地独自飞走了，朝着那个心中的美好地点出发了。

现在他对这里很熟悉，也知道自己想要去哪个池塘。他现在真的是经验丰富，先是在池塘上空盘旋了几周，确定没有危险之后才飞下去靠近水面。这片池塘面积很大，水面上漂浮的水草可以供伟蜓们产卵。大头先是以一种快速而不稳定的飞行急速飞过，检查池塘的情况，然后记下哪一处是最合适的繁殖地点。最终他确定在一处比较向阳的区域逗留，并时而以悬停飞行的方式观察周围，他很小心谨慎，毕竟这也是他第一次单独行动。大头起得太早，是第一个到达这个池塘的雄性蜻蜓，而其他蜻蜓居民还在睡觉。大头开始稳定下来，以较慢速平稳地飞行巡逻，这会太阳公公刚刚露脸，阳光很舒服，也渐渐唤醒了更多沉睡的蜻蜓。

大头开始变得越来越兴奋，这是他第一次水上巡视，也是第一次在一个陌生的环境占据自己的领地。他紧张地观察着，这时半空中突然有蜻蜓的身影出现，大头立刻迎上去，想驱逐任何不速之客。原来这是一位护卫队成员——华斜痣蜻，也是一个刚刚成熟的年轻小伙，趁着清晨来体验一下水上飞舞的感觉。大头随即掉头飞回自己的领地，并没有对这只华斜痣蜻表示出敌意，毕竟他们不是竞争对手。

　　太阳越爬越高，更多的蜻蜓开始出现。这片宁静的池塘立刻变得热闹起来。数量繁多的蜻族陆续降落到这里，很多华斜痣蜻、臀斑楔翅蜻开始打斗，争夺领地。大头也终于迎来了第一个竞争对手——一只同样从远方飞来的碧伟蜓。

　　大头很快发现了这个竞争对手，本能地冲上去。

　　"先生，请离开我的领地，不然我就要不客气了！"大头迎上前，飞到半空。

　　"我要是不同意呢？"这个年纪稍大的碧伟蜓似乎没那么容易对付。

　　"那就比试比试，你赢了，我让开。如果你不行的话，可别怪我不客气！"大头非常有自信。

　　一场激战开始。开始他们是头对头地对峙，然后是互相追逐。他们速度很快，大头在驱赶入侵者，他们急速地飞向空中，一会儿就不见了踪影。在空中，入侵者和大头继续周旋，他们各自施展高超的飞行技能，一会儿又飞下水面，争斗更加激烈。大头不允许入侵者进入自己的领地，他可是年轻气盛的大头，猛地扑向入侵者并用强有力的足攻击对手，对手也毫不示弱。他们有无数次身体上的接触，大头不断地敲击对方的身体，最后他抓住了机会，袭击了入侵者的尾巴，他猛踢一脚，将入侵者重重地摔在水面上。这家伙看到形势不妙立刻起身逃窜，大头看到胜利在握并没有继续追上去，而是回到水面继续巡逻。这场胜利对于大头来说至关重要，这为他将来捍卫领地、争夺配偶打下基础，也让他增加了不少信心。

斌仔伸了个懒腰，渐渐苏醒。他不见大头，还以为他会在水边的树林上吃东西，于是便飞去寻找。他环顾了整个树木园也不见大头，心里嘀咕着：这家伙会跑到哪里呢？于是斌仔决定去校园的其他角落寻觅。他确定大头不会走远。

最终斌仔找到了这片蜻蜓乐园，水面上布满星星点点的红色，那是正在水上起舞的各种红色蜻族。他们数量很多，挤满水面，而各种小型的豆娘们也都趴在水面的水草上，很多成对出现的蜻蜓都在忙着交配繁殖。斌仔仔细查找绿色的蜓族，他在半空很容易看见环绕水面飞行的绿色大个头，看起来有那么五六个正在水面上巡逻，会不会大头也在这里呢？斌仔缓缓下降，突然被一只正在护卫领地的碧伟蜓发现，他从水面上冲向斌仔，斌仔立刻提升高度，并示意他并非来争夺领地。他将双翅平展向下，腹部微微翘起，发出一个未成年的信息来告诉对方他尚未成熟，避免了一场战斗。如此看来斌仔很难靠近水面，因为每次他企图低飞都会被驱赶。他尝试多次，终于在他飞进大头领地的时候，见到了一个熟悉的身影从水面上迎上来，大头本想猛扑过来吓退对手，但他很快认出了斌仔。斌仔被大头这迅猛的速度吓到了，本能地撤退。

"哪里跑？"大头恐吓道。

这可把斌仔吓到了，"你是……"斌仔吞吞吐吐地说，"大头？"

"你回头看看不就知道了，胆小鬼。"

斌仔也认出来了大头："你吓到我了，你不是以前的大头了，看起来和那些森林里的怪兽有几分相似！"斌仔还不太明白大头的变化，因为他还没完全成熟。

"兄弟，你还嫩，不要急，答案你很快就会知道了，你快离开这个危险地带。我还要去忙我的重要大事了。"大头和斌仔约定他们还是在树木园见面。

"平时都是在一起的，怎么现在自己玩了呢？"斌仔疑惑地问。

"咱们以后都这样分开行动，下午见了。"大头说完就俯冲回水面上了。

斌仔十分舍不得走，但这里实在危险。一会儿工夫他又被驱赶了几次，他不得已继续高飞，在半空中徘徊了很久不想离去。最后他还是独自回到了树木园，这里相对安全。

大头就这样在水面上战斗，他持续地飞行了一个上午。临近中午，强烈的太阳光吓退了很多领地守护者，大头的竞争者也渐渐离去了，只剩下一些年轻健壮、精力充沛的还在水面持续巡逻。大头看见许多的华斜痣蜻都成双成对地飞行，还有豆娘们在水面上产卵，可是却没有见到碧伟蜓姑娘出现。

大头没有灰心，而是继续巡飞，正午时间水面上安静了许多。突然，从池塘边缘的一个小角落，闪现出一个迷人的身影，似乎很胆怯，但正在慢慢靠近大头的领地。大头立刻迎上去，却吓跑了这个刚刚光顾这里的神秘访客。这是不是碧伟蜓姑娘呢？大头甚至没有看清楚，但他有种直觉，这就是自己等待的姑娘。

大头放慢了飞行速度，他开始仔细检查自己领地的每一个角落。10分钟以后，这个熟悉的身影再次亮相大头的领地，这次却被大头逮个正着，大头看得清清楚楚，在正午的大太阳底下，一位碧伟蜓姑娘企图进入他的领地，她正在翘首悬停飞行，来判断这个领地是否合适产下宝宝。大头和伟蜓姑娘就这样相遇了。他们面对面地互相飞行了几圈，然后大头飞上去，用腹部末端的抱握器夹住了雌性碧伟蜓的头，就这样他们一前一后串联起来。大头和姑娘没来得及多说话，就急忙开始了他们最重要的蜓生大事——一场庄重的婚礼！

大头先是带着这位美丽的伟蜓姑娘在整个池塘上方飞行了两周，目的是向其他的同类炫耀自己的婚礼，也告诉其他同种的伟蜓兄弟，他是这里最强壮的雄性碧伟蜓。接下来，一个特殊的动作宣布婚礼的开始，大头把尾巴高度地向上翘起弯曲，而伟蜓姑娘也很配合，她把尾巴末端伸向大头腹部第2节，这样一个美丽的心形环式的交尾动作完成了。这是动物界最特殊的婚礼，也是难度系数最高的婚礼。

▲ 大头的婚礼——交配中的碧伟蜓（拍摄 莫善濂）

独特的心形环，解密蜻蜓最独特的交尾方式

在整个动物界，蜻蜓的交尾方式可谓是最特殊的。蜻蜓的交尾过程比较复杂，但非常形象生动，它们是以一种特殊的环式连结来完成交尾过程。在很多豆娘中，环式连结是非常标准的心形，或许象征了它们的爱情。这种交尾方式与雄性蜻蜓特殊的生殖器构造有关。雄性蜻蜓的外生殖器位于腹部第二节下端，而内生殖器精槽则位于腹部第九节。在交尾的最开始，雄虫与雌虫必须连结。通常雄虫先用足拦截雌虫，然后腹部弯曲并用腹部末端的肛附器抱握住雌虫的前胸或者后头，此时雌雄连结。接下来的关键步骤包括雄虫向上弯曲腹部，提起雌虫，然后刺激雌虫将腹部弯曲至其腹部第2节处，然后两者的外生殖器相连，完成环式连结。对于大多数蜻蜓种类来说，这个过程是在飞行中完成的，而且似乎很简单操作。这一过程在豆娘中有时很难完成，雄虫有时需要重复多次才能顺利交尾。所以蜻蜓的交尾姿态被誉为整个动物界难度最大的姿势。

▲ 云南异翅溪蟌（*Anisopleura yunnanensis*）的心形环式交尾

"非常高兴认识你，我可以知道你的名字吗？"大头一边努力地完成这个复杂的动作，一边有礼貌地和自己心仪的姑娘打招呼。

"我也很高兴认识你，我是'瑞拉'！"伟蜓姑娘害羞地说。

"瑞拉，好听的名字，你真的好美，很荣幸遇见你！"大头选择了水塘边的树林，并停落在茂盛的树林中来完成重要的交尾环节。

"你呢？还没有告诉我你的名字，先生。"瑞拉问道。

"我是大头，一只来自北方的碧伟蜓。"

"北方？好遥远的地方，那真是荣幸之至。"瑞拉很害羞地说。

"看起来你是位南方的姑娘了？"大头继续打听。

"嗯，我的家乡离这不远，但现在举家南迁了，"瑞拉说道，"你们飞行了多久才到达这里啊，看起来是一个辛苦的旅程啊。"年轻的碧伟蜓姑娘关心地问道。

"历尽千辛万苦，就为等你出现，看来我没有白来这里。"

他们在树林里交尾的时间很长，可能过了1个多小时。两只来自不同家乡的碧伟蜓在这里结合，这可以保证他们的后代拥有最具活力的基因。他们聊得很开心，慢慢地交尾时间即将结束，接下来是更重要的使命——产卵。

"你准备好了吗？我要起飞了。"大头已经开始振翅了。

"好了，"瑞拉也做好了准备，"那么我们还是回到那个池塘吗？我喜欢那里。"

"当然，只要你喜欢，我们就去那里。"大头和瑞拉起飞，他们还是连结在一起，一前一后地飞行。

他们降落在大头的领地，大头选择了最合适的水草，他们开始了产宝宝的工作。大头很小心谨慎，除了提防时不时来袭的入侵同族，还要留意水里的危险，比如会不会有蛙类、蛇类等。大头把瑞拉带到一个安全的水域，他们停落在水面上漂浮的水草上。瑞拉把卵产进水草的茎干内，她有一条发达的产卵管，可以把后代安全地送进水草中孵化，就像大头的父母一样，把爱的种子从北方传递到南方。

▲ 连结产卵的碧伟蜓夫妻（拍摄 莫善濂）

千奇百怪的产卵方式

产卵方式主要取决于雌虫产卵器的构造，大致可以分成三类：点水式、空投式和插入式。一些雌性蜻蜓具有一根发达的产卵管，它们并不直接点水产卵，而是将卵插进植物的茎干中或者泥土中，而另一些雌性蜻蜓没有产卵管，而是通过产卵孔直接把卵排出体外并通过点水的方式完成。接下来列举几种有趣的产卵方式。

点水式产卵

早在中国古代，人们就已经观察到蜻蜓点水的现象。唐代诗人杜甫在《曲江》中描述："穿花蛱蝶深深见，点水蜻蜓款款飞。"宋代诗人晏殊在《渔家傲·嫩绿堪裁红欲绽》也有词："嫩绿堪裁红欲绽，蜻蜓点水鸟游畔。"那么蜻蜓点水究竟是怎样一回事？

其实只要稍微仔细观察就可以发现，点水的蜻蜓都是雌性，其实这是雌性蜻蜓的一种产卵方式。人们经常用成语"蜻蜓点水"来告诫做事要深入，不要浅尝辄止，而成语的寓意和这种繁殖现象并不匹配。

这种产卵方式可以容易在城市的公园中见到，为一些常见而广泛分布的蜻蜓种类所采用。比如红蜻、灰蜻等种类，是时时刻刻出现在城市中的蜻蜓居民。它们出现在一些具有水生植物的池塘。这些雌虫在水面上以腹部末端轻轻点水的方式产卵，通常在一个选定的地点多次地重复点水动作，直到产卵结束后飞离水面。有时在雌虫产卵时，有一只雄性围绕在她周围，守卫其产卵的整个过程，以避免雌虫在产卵时受到其他雄虫的骚扰，这种行为称为护卫产卵。护卫产卵发生在交尾结束后，也很容易观察到。

插秧式产卵

在点水式产卵方式中，还有一类比较特殊的产卵行为，为大蜓科和裂唇蜓科所特有，称为插秧式产卵。这类产卵方式是雌虫身体直立，几乎与地面垂直，将卵直接深深地插入小溪的底层泥土或石缝中。这些雌性大都会选择比较浅的狭窄小溪或是溪流边缘的渗流和小水潭。大蜓科的雌虫拥有发育不全的产卵管，这些产卵管长、末端尖，有助于产卵时直接将卵埋入小溪底层。产卵时身体直立，以快速而频繁的插秧动作产卵，由于每次排卵的数量少，因此每次产卵过程可见上百次的插秧动作。

▲ 雌性米尔蜻将腹部末端点入水中产卵

▲ 雌性铃木裂唇蜓身体竖直完成插秧产卵的动作

插入式产卵

这是一种比较高级的繁殖方式，所有豆娘都有发达的产卵管，因此都采用这种繁殖方式。这种产卵方式有利于卵粒的孵化。因为这些卵不是暴露在水中，而是被埋进潮湿的泥土中，或者被插进植物的茎干内。每一粒卵都有一个舒适的小房间，安安静静地等待孵化。很多豆娘的雌虫都会在水面上漂浮的水草或者朽木上产卵，比如褐单脉色螅（*Matrona corephaea*）的雌虫停落在水面上漂浮的一根枝条产卵，而另一些豆娘可以半身潜水或者全部身体潜入水下产卵。最厉害的要数华艳色螅（*Neurobasis chinensis*），它们可以长时间潜水产卵。

▲ 褐单脉色螅把卵产在水面的漂浮枝条上

▲ 华艳色螅的雌虫全身潜入水中产卵

大头时不时地移动位置，并询问瑞拉的情况。

"辛苦了，一切还好吗？"大头轻声地问。

"一切都好，我们的后代已经送进了孵化室。"瑞拉正在竭尽全力，"只是有点累。"

"嗯，为了我们伟蜓家族将来有更多更健康的后代，辛苦你了。"

"我们终于可以为家族尽一份自己的力量，我很高兴能和北方来的你一同完成这项伟大的工程！"瑞拉高度赞扬大头的表现，"你很勇敢，很威猛！"

大头很欣慰得到这样的肯定，这是他的第一次婚礼，可能永远难忘，因为接下来他可能还有无数次的婚礼，他将为种族延续而奋斗终生。

当大头正在繁殖后代的同时，斌仔在树木园度过了这个炎热的中午。他饱餐之后停在树荫下静静地休息，也开始变得躁动不安。除了心里一直惦记着大头，他身体上的变化也越来越显著，他也接近成熟，即将加入大队伍去繁殖后代。

大头和瑞拉的婚礼接近尾声了，瑞拉将上百个宝宝成功送入育婴室，这些水草将为伟蜓宝宝的发育提供帮助。瑞拉完成了这次的繁殖任务。她做出动作，告诉大头可以放开她了。随后他们身体分开，瑞拉准备离开水面，大头紧随其后，护送最后一程。

"我送你回去吧！"大头追随瑞拉升到半空。

"不用了，我们后会有期，感谢你尽职尽责的守护。"瑞拉说完就加速飞行离开了，很快不见了踪影，消失在云朵之间。

大头在半空周旋了几个来回，又回到那片迷人的池塘。他继续捍卫自己的领地，更期待下一只雌性碧伟蜓的出现。下午时分，大头觉得累了，想起自己的兄弟，准备飞离池塘，他一整天没有好好休息，也需要补充一些能量。下午的阳光似乎温柔了许多，这时候，池塘中更多的伟蜓出现了，他们不是碧伟蜓，而是大头的亲戚斑伟蜓。他的朋友绿淘也到了。

"你的工作时间即将结束了，怎么样小伙子，今天还满意吧？"

绿淘飞上来问候。

"嗯，有收获的一天，就是有点累。"大头满意地回答。

"一看就知道，你的气色不错，年轻就是可以任性，哈哈，让人羡慕。"绿淘夸奖道，"记住了，这是伟蜓家族一年中最重要的时期，大家都喜欢在这个季节举行隆重的婚礼仪式，明天可要记得准时起床啊。"绿淘叮嘱大头。

"多谢绿淘的指点，我一定更加努力，为我们家族的繁衍尽一份力量。"大头满怀信心。

"对了，怎么不见你的兄弟？你们是单独行动的吗？"绿淘关心地问起。

"那小子还不到繁殖的年纪呢，躲在树上睡大觉，不过相信他很快也要加入繁殖军团了。"大头回答。

斌仔一直躲在树木园里，他除了吃得饱睡得好之外，还有意外的收获，他遇见了一群刚刚从附近的森林飞来的伟蜓群，这是一个美女群体，都是年轻的斑伟蜓，斌仔加入其中和她们一起玩耍。她们和斌仔的年纪差不多，还没有完全成熟，所以可以在一起和谐地相处，没有争斗。

大头飞回来立刻发现了这里的欢声笑语，而斌仔也赶紧迎上来。

"你终于回来了，这一天够你忙的了。"斌仔略显不高兴。

"你怎么样，看起来有新伙伴了，玩得开心吧？"大头也有点情绪。

"当然，我认识了新的邻居，她们刚刚从一个蜻蜓王国飞来，据说那里还有人类为了宣传我们建立的蜻蜓馆，你有兴趣吗？"斌仔似乎已经计划着一次旅行。

"蜻蜓馆？在哪里？人类为我们建设的？"大头被斌仔勾起了好奇心，却也表示怀疑。

这时，一位美丽动人的年轻斑伟蜓姑娘主动上前问候大头："你好，我是丽娜，很荣幸在这里遇见你们。"

"你好，丽娜，我也是很高兴认识你们！"大头有点脸红了，想起了他的瑞拉，"我想我们可以一起共进晚餐，如果我们兄弟可以，真的……"他有些吞吞吐吐。

"我们不是已经成朋友了吗？而且我们已经聊了一阵子了，你回来得太晚了。"斌仔抢着说。

"我很抱歉，我希望你们还可以多待一会儿，我们还可以互相了解。"大头不好意思地说。

"当然，我们会在这里休息一个晚上，明天我们即将启程。"丽娜笑着说。

"不知道我是否可以问问你们的航线？我想我们两个很快也要启程了。"

"这是我们斑伟蜓家族的神秘航线，可能和你们有所不同，但我们最终可能都会到达同样的地点。那里没有寒冷的冬天，有蜻蜓王国最隆重的选美大赛，还居住着无数的神秘族人，据说是颜值超高的顶级巨星。"这位姑娘的话让大头兴致勃勃。

"确实，每个家族都有自己的航线，我们都沿着自己的轨迹飞行，也希望大家都能顺利地到达终点。好希望亲临现场，去选美大赛凑凑热闹。"大头看起来要做很多计划，"也想顺便参观一下那个蜻蜓馆！"

"那个蜻蜓馆就在离这不远的南昆山，你们现在已经位于天堂岭的国界内了，但还不是王国的中心。那片森林才是真正的天堂岭城堡，你们可以先去看看。人类还在森林中建造了一些池塘，为我们建造更多的家园。"美女丽娜接着讲道。

"哇，那真是感谢人类了，我们也要走一趟。"斌仔也很有兴趣。

他们聊得很尽兴，一同享受着这里宁静的傍晚。斌仔和大头开始计划着他们的航线。他们决定必须要到南昆山走一趟，然后再继续去寻找国王。大头和丽娜一行畅谈着，他们互相交流着飞行经验，也庆祝着他们在这一方土地相遇。明天一早丽娜团队即将启程飞往远方。夜幕降临，大家都停落在离池塘很近的一片竹林中休息。月光皎洁，微风吹起，空气微凉，秋意已经可以感受得到。

夜深了，大头还没睡着，他看了看斌仔，他早已经进入梦乡。大头想起了今天和瑞拉的相遇，一直难以入睡。就好像童话故事中，王子遇见了一个冒冒失失在舞会上跑丢了水晶鞋的姑娘，仅有一次短暂的相聚就匆匆地消失了。大头想着，脸上带着微笑，渐渐入睡了……

这又是一个奇妙夜，这个夜晚标志着斌仔正式加入成人军团。他比大头仅仅晚成熟一天，也终于要履行使命了。他们一同出生，一同成长，最终可以挣脱水面展翅飞翔，是非常少数而且幸运的蜻蜓，而他们大多数的兄弟姐妹都在成长过程中夭折。作为一名成年蜻蜓，他们肩负的使命不允许他们出现任何差错。

在雄性激素的强烈作用下，斌仔不断弯曲尾巴来适应身体新的改变。第二天清晨，大头还没有从昨日的疲劳中恢复，斌仔就已经蠢蠢欲动了。丽娜团队早已经在天蒙蒙亮时就赶了早上的航班，飞离了这里。四周很安静，斌仔开始振翅了。

大头似乎感觉到了翅拍打的振动，也渐渐醒来。

"嗨，今天是什么日子，老兄起这么早。"大头揉揉眼，似乎还有睡意。

"这还用问吗，直到现在我才知道，为什么你昨天弃我而去，今天我也要走一趟。"斌仔几乎已经飞起。

"等等我。"大头呼叫。

就这样，大头和斌仔同时占领着这一片水域，并击退了一个个入侵者。他们相隔一段距离，都在仔细巡视着自己领地上的一切。时而碰面却没有猛烈的争斗，只是平行飞行一段后各自回头守卫自己的领地。

天气晴朗，蓝天白云映在清澈的湖面上，风景迷人。一群赶往教学楼上课的研究生经过这里，指着湖面上飞过的蜻蜓开心地聊着。上午的教学楼很繁忙，教室里传来清晰的读书声。在其中的一个教室，一位来自远方的博士研究生正在讲述一个生动的故事，这是一堂关于生物多样性的必修课，他和老师、同学讨论着美丽的水上精灵——蜻蜓的故事。这时大头飞到半空追逐一位不速之客，刚好经过了这个教室的窗台。博士研究生对大头微微一笑，大头也做出了一个飞行的回复，似乎是他们心灵上的交流，或许也是一种缘分。

大头和斌仔继续在挤满各种蜻蜓的湖面上忙碌着，和大头昨天的经历非常相似，没过多久，大头和斌仔都不见了！

1小时以后，两兄弟再次相遇，但是他们都不再是孤身一人，而都是携带着自己的新娘回到水面。他们相遇时格外激动，互相围绕，形成了默契的四人组合。他们在半空中互相聊了很久，然后各自飞下水面开始了重要的繁殖工作。

大头和斌仔都带领着各自的新娘寻找理想的繁殖地点。大头更有经验，总是能选择到特别适宜的水草。而斌仔很会学习，他也跑来凑热闹，挤到了同一处。就这样，兄弟两个都为家族的延续拼命地工作着。太阳跑得很快，一会儿就从东边跑到了西边。夕阳斜照在水面上，照射在他们的孵化室里，一些可爱的小宝宝正在酝酿着奇迹。

结束了一天的工作，大头和斌仔又回到了树木园。在这里大头再次遇见了这位年轻的博士研究生。他手持照相机，正在拍摄迷人的斑丽翅蜻之舞。

"我认得他！"大头兴奋地说。

"你认识人类？开玩笑吗？"斌仔诧异了。

"当然，人类也是我们的朋友，今天早上我看到他在教学楼里面讲述蜻蜓家族的故事，我清晰地看到教室里的蜻蜓画面，好像在介绍我们的贵族。他有很多听众，我在经过窗前时见到了他，他送给了我一个微笑。"大头讲述着。

"原来你在工作时偷懒。"斌仔捂住嘴偷笑。

"那不是偷懒，那是忙里偷闲。"大头微笑着说。

"你看他在工作着，就像我们一样，还背着一个会闪光的东西。"斌仔好奇地看着照相机闪光灯发出的光芒。

"嗯，那些可能就是为了记录下我们的影像吧，敢不敢飞过去留个影啊。"大头胆大地说。

"你先来，我跟着你，呵呵。"斌仔很谨慎地回答。

"好的，随我来。"大头确定他要飞下去。

他们两个慢慢靠近了水面，似乎主动和这位人类朋友打招呼。年轻的学生拿起照相机，啪啪啪地按动快门，记录下了碧伟蜓的完美飞行……

又是一个夜晚来临，兄弟两个计划着他们的航线，时间不早了，他们该启程离开了。斑伟蜓绿淘也没有出现，或许追随丽娜的队伍也飞走了。秋天临近，大头和斌仔很纠结，毕竟这里是一个理想的繁殖地点。最后两人商量，决定再停留两天，然后启程去神秘的蜻蜓馆。

……

"开启起飞模式，爬升高度，进军天堂岭！"大头一声令下，两只蜻蜓快速地消失在天空中。

天堂岭坐落在南昆山山脉，距离广州市区仅有50千米，被称为广州的后花园。这个距离对于这两位飞行家来说并非难事。他们保持着20千米左右的时速飞行，这个速度刚刚合适，既不会耗费体力，也可以在空中观察这片神奇的土地。空中的航线异常繁忙，他们可以清楚看到低空航行的黄蜻群，还有比他们飞得还高的各种蜓族。两个多小时之后，大头和斌仔抵达了南昆山脚下的绿色丛林。这里聚集着很多蜻蜓，他们都在这条叫作流溪河的河畔嬉戏玩耍着，享受美丽的水域之城。

大头和斌仔掠过水面，俯下身子喝水，酷热也迫使他们从空中降落。他们驻足河畔，和这里的伙伴们分享快乐的时光。河面上往来穿梭的是巡洋舰们，这些大个头的蜓族每天从早到晚忙碌着。大头细细地观察着，河岸边挤满了无数的居民，他们争夺领地，都想把这里最好的环境据为己有。突然一些熟悉的绿色身影吸引了两兄弟的注意，几只成对的碧伟蜓正在繁殖！

大头和斌仔似乎并不知道，在这样宽阔的大河流域，却也有自己家族的繁殖场所。他们悄悄地跟进，原来在一些河岸边缘形成的水湾，都有水草茂盛的理想场所。两个年轻人快速地学习，原来各种不同的水环境都可以是伟蜓族的家园。他们已经习惯了静水环境的池塘和湿地，接下来可以学习在河流中寻找机会了。

大头和斌仔并没有打扰这里的蜓族，也没有加入碧伟蜓的繁殖大队。他们清楚地知道身负的重大职责，也不敢耽搁，现在通往目的地的航线已经开始繁忙，不能错过时限。两兄弟按照之前的规划继续飞往这座山脉的深处。

他们很聪明地逆着溪流上行，渐渐靠近了一座进山大门，一个牌坊矗立在半山腰，是通往这座大山的必经之路。他们正企图通过这里，却被两位不速之客拦截了。他们是守卫天堂岭的门神，两个体形健硕，个头比大头要大很多的春蜓族。

"你们是哪里来的家伙，想闯进天堂岭！"其中一位拦下他们，很不客气地说。

"我们并非有意闯入，只是不知道这里还有守卫。"大头解释道。

"山有山规，这里是著名的天堂岭，居住着160种蜻蜓居民，大家都签订了协议，外来族群必须经过许可才可以进入。"守卫继续严肃地说。

"可是我们经过了无数的蜻蜓国，都没有这种规定。"斌仔很不满意地说。

"那是你们没有到过真正的王国，这里守卫森严，具有各种法规，任何居民都不能违反，一旦触犯法律，就要被处罚。所以你们还是请回吧。"守卫似乎不允许他们进入。

"我们是听说这里的蜻蜓居民和人类有很多互动，人们还特意修建了一个蜻蜓馆，来保护蜻蜓家族不受侵害。"大头请求进入。

"没错，这里是有一个蜻蜓馆，为了保护南昆山蜻蜓国的所有蜻蜓居民所建立。"守卫确定了这个信息。

"我们曾经经过遥远的神龙堡，还为那里的蜻蜓居民解决了不少纷争，你看这是神龙首领授予的和平勋章，我们可以算是和平的使者，保证遵守这里的各种规章，是否可以允许我们进入呢？"大头随即拿出了那枚宝贵的勋章。

其中一名护卫接过勋章，似乎有些动摇："请稍等，我要去请示'女王'陛下！"

"女王陛下！"大头和斌仔吃惊地说，"这里居然是女王统治的国度……"

"你们还不知道啊，天堂岭的蜻蜓族，是以一种特殊的豆娘家族为首领。这种豆娘家族是全世界体形最大最美丽的色蟌家族，叫作赤基色蟌，也被称为女王家族。'女王'颁布了很多法律，目的是保护天堂岭的土著居民和谐共处，并免受外界的干扰。在有限的生存空间内，合理地利用和分配资源才是可持续的发展道路，因此我们不能敞开大门。"

"原来如此，请您向'女王'陛下通报，希望可以准我们入境。"大头鞠了一躬。

"请稍等，我这就去。"一只守卫立刻飞走了……

不久之后，守卫匆匆返回并带回来好消息："'女王'赫拉有请两位，请随我来……"

他们就这样进入了这座神秘的天堂岭城堡。

守卫带领他们穿梭在森林之间，南昆山上流淌的清澈溪流和隐秘在森林中的清澈湖泊迷醉了兄弟俩。这里简直是世外桃源，空气中富含的负氧离子让呼吸如此顺畅，优美的山水打造了一个最适宜蜻蜓居住的城堡。他们享受着眼前的一切，最后被带到一个幽静的山脚下。这里有人类修建的别墅，整整齐齐地排列着，一条清澈的小溪从山顶流过，几条干净的街道一直蔓延到无边无际的森林里，这就是他们要寻找的蜻蜓馆。

"两位，你们看，那三个红色的标志就是蜻蜓馆了，我们的一位豆娘首领，会带领你们参观这里，我先行告退了。"守卫立刻飞回山门。

"这里真的是太美了，我们多住上几天吧。"斌仔激动地说。

"别忘了，时间有限，我们还要拜访几个蜻蜓国呢，还要去寻找国王。另外，一年一度的选美大赛就要开始了。"大头把这一大堆计划都列出来了。

"好吧，我只想在今天好好地玩个痛快！"斌仔已经迫不及待地去游览这里的风景了。

突然，一只娇艳的绿色豆娘突然站在他们面前："两位和平使者，你们辛苦了！"

"您好！"大头和斌仔有礼貌地行了礼。

"我是天堂岭的公爵，你们可以叫我'皮特'。"

大头和斌仔仔细打量着眼前这个艳丽的贵族。这是一只黑顶暗色螅，他身披绿色外衣，在太阳光下发射出蓝紫色的金属光泽，不时扇动着半透明的翅。更重要的是，他们从未见过这样大个头的豆娘，真是开了眼界。

黑顶暗色螅

在中国已知的豆娘种类中，黑顶暗色螅具有重要的地位。这是一种体形颇大的豆娘，它们翅半透明，染有烟褐色，翅端部黑褐色。而身体具有亮丽的深绿色金属光泽。它们喜欢躲在阴暗的林荫溪流，而且十分怕人，容易受到惊吓。黑顶暗色螅是中国特有的珍稀色螅，主要分布在华南地区，现分为两个亚种，根据基因上的差异，海南的种群被确定为一个独特的亚种，黑顶暗色螅海南亚种（*Atrocalopteryx melli orohainani*）。

▲ 公爵皮特，黑顶暗色螅（*Atrocalopteryx melli*，雄）

"很荣幸见到您，我们从未见过像您这般美丽高贵的豆娘，没想到天堂岭的豆娘族也如此奇特，真是增加了不少见识。"大头称赞道。

"没错，我听说你们从北方来，现在到了南方，我们豆娘族的势力范围也越来越大。我们的首领赫拉具有更加高贵的血统。"皮特骄傲地介绍，"我先来带你们看看这座蜻蜓馆吧！"

"嗯，非常感谢！"

他们飞到了这个特色建筑物旁，皮特开始介绍起来："这座蜻蜓馆，就是为了天堂岭所有的蜻蜓修建的。这里是人类的一个研究基地，用于向城市的人群宣传和保护蜻蜓家族。你们看到很多来来往往的车辆，就是从城市里来的人类朋友，他们可以在这个蜻蜓馆里了解我们蜻蜓家族的神秘故事，从而保护环境、保护动物。"

"哇，好多美丽的蜻蜓照片！你看，还有我们伟蜓家族的呢！"斌仔很开心地说。

"这里展示的都是这个蜻蜓王国的居民吧，好多陌生的面孔，好想认识更多的伙伴啊！"大头看着蜻蜓馆里的照片，心情激动，"你看那个红色的，就是'女王'陛下吧，真是迷人啊。"

"没错，好眼光，你看这种身材和翅上那特有的粉红色，是不是让人妒忌。"皮特先生兴致勃勃地一一介绍给两位，"接下来请随我来，我带你们去环顾一下这里的各个小区，你们也有机会认识更多的朋友。"

"太好了，求之不得！"

他们起身飞到不远处的一个居民区，这是一个位于森林脚下的池塘，池塘水面上长满了各种不同的水草，成了几种蜻蜓的乐土。一群纤细的黄色小豆娘在杂草中游弋，那是长尾黄蟌家族；杂草被零星的非常细小的红色蜻蜓点缀，那是全世界最小最鲜红的侏红小蟌；两只非常肥胖的金黄宽腹蜻停落在高处，扭过头来观察着发生的一切；水草中还时不时传来翅拍打的声音，那是几只正在藏在茂密草丛中产卵的褐翠蜓……

"你们知道吗，这个居民区是人类为我们建造的，之前这里是一片荒芜，现在成了一个著名的居民区。你们看，善良的人们又在上面开发了一个新的居民区，也将是一个非常不错的居住地，你们是否考虑要订购一套呢？呵呵。"皮特介绍着，大头和斌仔被深深地触动了，大头想起来在南岭山脉人类也为那里的蜻蜓居民建造了很多城堡，他们和谐地共同生活着。

随后皮特带领他们继续游览山水，当他们经过一处阴暗的林荫小溪时，突然被一只在半空中翱翔的金色蜻蜓吸引了。

"你看，那位空中的金色舞者太赞了，我还是第一次见到这样华丽的装饰。"斌仔指着空中几乎尖叫。

"哈哈，你们不要太激动，那是天堂岭的皇族——金翼裂唇蜓。他们是这里的标志性居民，被誉为天堂之神，但是他们的族群数量很少，我们也不常遇见。不过他们会经常闯进我们暗色螅的街区，擅长在山林里游荡。每年都会有不少人前来寻找他们，为的就是一睹金翼的风采，所以你们的运气不错。"皮特有滋有味地讲解着，他是一个相当不错的公爵，对这里居民的生活了如指掌。

▲ 长尾黄螅 (*Ceriagrion fallax*)

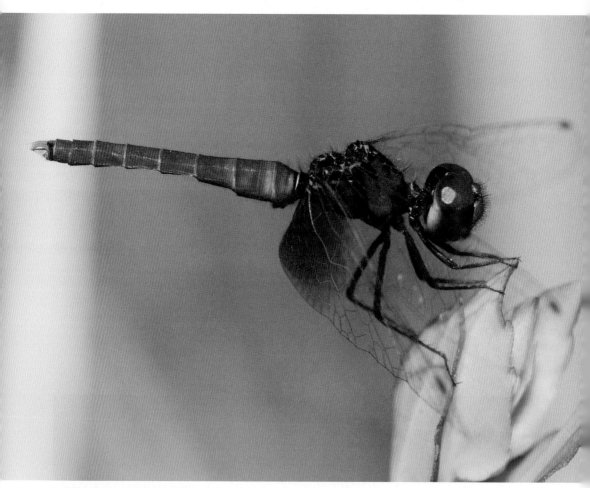

▲ 侏红小蜻 (*Nannophya pygmaea*)

▲ 金黄宽腹蜻 (*Lyriothemis flava*)

▲ 半身潜水产卵中的褐翠蜓 (*Anaciaeschna martini*)

金翼裂唇蜓

　　这是中国华南地区相貌最特殊的一种蜻蜓。2008年5月，在一次赴南昆山地区的考察中，一种非常特殊、翅上具有金褐色色彩的裂唇蜓被捕获到。经过进一步的分类研究，这种蜻蜓最终在2014年被公布、发表，学界根据雌虫翅上的显著色彩将它命名为金翼裂唇蜓。

　　金翼裂唇蜓具有非常宽阔的翅，善于在峡谷的高空飞行。在晴朗的5月，运气足够好的话，可以看到一小群金翼裂唇蜓在空中捕食。雄性有时会沿着具有渗流地的山路低空滑翔。

▲ 天堂之神，金翼裂唇蜓（*Chlorogomphus auripennis*）

"大头，你看他那宽阔的双翅，想必也是个飞行高手！"斌仔继续抬头观望着。

"绝对一流的飞行家，你看他的飞行姿态，尽显皇族的霸气。"大头很钦佩。

"来吧，我们是时候拜访一下女王家族了，他们就住在离这不远的一条岩石溪。这个族群尤其偏爱大岩石，最喜欢晒太阳！"皮特引领他们飞向这条迷人的山谷。

山谷中弥漫着薄薄的雾气，更增加了这份神秘。清澈的溪水声渐渐靠近，一条开阔的大岩石溪流从森林中流出。带着激动的心情，大头和斌仔有序地跟随在皮特后面。在大岩石上，一只体形巨大、具有粉红色翅的大豆娘以一种优美的翘臀姿态停立着休息。

"您好，陛下，和平使者已到！"皮特请示"女王"陛下。

"快快有请！"赫拉表示欢迎。

▲ "女王"赫拉，赤基色蟌（*Archineura incarnata*，雄）

赤基色螅

　　中国一种闻名于世的蜻蜓，巨大而美丽的豆娘，世界之最——全球体形最大的色螅。体长在75~85mm。身体细长，胸部巨大，但头的比例较小，这种身材绝对是大自然杰出的设计。雄性赤基色螅在翅的基部具有粉红色的鲜艳色彩，而雌虫则无此色彩。这类大型豆娘喜欢暴露自己，它们通常停在溪流中的大岩石上，但要选择河岸带具有茂盛森林的溪流，它们对环境的要求非常苛刻，是一种非常敏感的物种。

▲ 赤基色螅（*Archineura incarnata*，雌）

大头和斌仔恭敬地走到"女王"面前："您好，陛下，我们很荣幸能遇见您，感谢您让我们在这片蜻蜓的土地结识了更多朋友。"大头语音有些颤动，他非常吃惊，因为眼前的这位"女王"居然比他们的个头还要大。

"我们世世代代守卫这座神奇的城堡，天堂岭是蜻蜓家族的天堂。你们或许已经到访了其他王国，但我们这里的家族绝对是最兴旺的，族人们安居乐业，幸福地生活在一起。这里远离人类的城市，可以不必为了生存而担心，而人类也给予了我们特殊的关注和照顾，更增添了一份和谐。"赫拉很骄傲地说。

"嗯，这是一个祥和的国度，没有争吵，没有纷争，蜓族们其乐融融地共同依赖和生活，展现了一个最美好的盛世。我深深地感受到了这里居民的友善和魅力。"大头和斌仔对这次的行程非常满意。

"我们绝对不虚此行，大开眼界，痛快！"大头和斌仔连声叫好。

"还没见到我们，怎么说是大开眼界呢？"几只相貌奇特，具有长长尾巴的黑色大家伙从"女王"陛下的身边出现，其中一只高傲地说，"我曾代表天堂岭的蜓族参加选美大赛，在成百上千的选手中，我们是唯一被授予最佳身材奖的！"

大头和斌仔再次被眼前出现的高富帅所征服，这是"女王"的护卫队——长腹裂唇蜓。他们也是皇族的成员，拥有自然界最佳的身材比例。他们喜欢炫耀自己，性格上也很开朗。

"不可思议，天堂之国拥有如此庞大的贵族军团，真是让其他王国羡慕又嫉妒……"大头仔细地欣赏着这些迷人的蜓族。他越来越觉得伟蜓族的渺小。因为他们无论从体形体态上，还是着装打扮上，都明显不如这些居住在山林里的居民。

他们与天堂岭的蜻蜓居民共同度过了美好的一天。晴朗的午后，蜻蜓馆迎来了一群特殊的游客——一个小学生观光团队。领队带领着小朋友走进馆内，他们在蜻蜓馆的科普宣教平台，学习蜻蜓的各种小常识。科普宣教平台告诉小朋友，什么样的昆虫是蜻蜓、蜻蜓和豆娘怎样区分、如何辨认蜻蜓种类等知识。这些小朋友都对神秘的昆虫王国有着浓厚的兴趣。当然，配合着室内的讲解，一次野外的亲密接触必定会加深记忆。南昆山保护区也特意为蜻蜓馆在野外设置了观光栈道，串起了许多蜻蜓野外观测点，这样游人可以直接在野外看到活体的蜻蜓，有助于进一步了解这些水上精灵。瞧，这个队伍正在靠近大头和他的伙伴们。

一位女性导游手拿着一面小旗，引领着这群活泼可爱的孩子，慢慢走向水边。她向这群孩子讲述着蜻蜓的故事。

"小朋友们，你们能区分出来哪些是蜻蜓，哪些是豆娘吗？"

"那个细细长长的是豆娘……"

"那个粗粗大大的是蜻蜓……"

▲ 长腹裂唇蜓（*Chlorogomphus kitawakii*）

"那个是一只红色的豆娘，哇，它好大个啊……"

"小朋友们说得非常正确，豆娘的前翅和后翅的形状相同，而蜻蜓的后翅更加宽阔。豆娘的身体都很苗条，尾巴细长，而蜻蜓却要粗壮很多。"女导游生动地描述着，"你们看，蹲在石头上这只体形巨大的豆娘叫作赤基色蟌，小朋友还记得在蜻蜓馆中我们看到的它的照片吗？"

"记得! 记得! 好特殊好漂亮的豆娘，不过没想到这么大个，好像比蜻蜓还大呢……"

大头和斌仔也被欢闹的人群吸引，他们好奇地问"女王"赫拉。

"不知道他们在谈论着什么，你看他们聊得多开心啊。"

"这是到天堂岭蜻蜓之国来欣赏蜻蜓的爱好者们，我们什么年龄的人类都遇见过，他们被我们的美丽所吸引，很多人都希望和我们合影留念呢。"赫拉讲道，"我早已经习惯了和人群的互动。"

"这样靠近人类不会有危险吗？"斌仔略显紧张地问。

"不会，我还会经常摆出不同的造型供他们拍照，很配合。比如我们张开双翅的镜头就会让他们非常兴奋，不过有时候这些闪光灯真是让我头痛，做一个蜻蜓明星不容易啊，呵呵!"赫拉是一个经验丰富的首领，他每次讲述这些经历的时候都倍感骄傲，能和人类近距离接触的蜻蜓成员屈指可数，而他幸运地成为其中一位，"你们知道吗? 蜻蜓馆墙上的那张大头贴就是本人的画像。"赫拉很以此为荣，似乎要告诉每一个访客……

临近黄昏，人群的喧闹声渐渐远去。裂唇蜓们都各自忙碌，他们沿着溪流飞行去寻找配偶。而女王家族也安静了下来。

"尊贵的'女王'陛下，我们十分荣幸在天堂岭有如此丰富多彩的一天，也很感谢您花费宝贵的时间来陪同我们游览这里的各个街道。我想，我们很快要离开这里了。"大头上前道别。

"这么快就要走，不多留几天? 我们这里的景色你们还没有都看到。天堂之国山连山，还有无数的臣民隐居在此。我还想带你们去一一拜访，有些丛林居民性格古怪，很孤僻……"

"我们也肩负着重要的使命，虽然看到天堂岭环境优美、山清水秀，但是却不是我们碧伟蜓家族最理想的栖身之所。此行的目的，就是想了解一下天堂之国的神秘和传说的蜻蜓馆。想到人类可以为了蜻蜓一族投入时间和精力，还会去宣传蜻蜓家族的故事，真是好感动。"大头深深地致谢。

　　"明白，那就不留你们了。我知道你们还要前往其他王国，祝你们好运。另外，山上气候变化莫测，你们要留意天气变化。你们看，山那边起雾了，可能预示着傍晚时会有雨水光顾。"赫拉提醒他们。

　　"非常感谢，那就拜别'女王'陛下……"大头和斌仔随之飞下山去，他们准备在山下找一个合适的森林过夜，然后明天一早启程，踏上继续寻找国王的路。当他们飞到半山腰时，密集的乌云团滚滚而来，一场酣畅淋漓的大雨瞬间洒落山谷。大头和斌仔立刻躲进了树林，赫拉的预言果然准确，看来在山里生活还是要提防天气变化。他们躲在茂密的树林里，雨一直没有停，天色越来越暗，夜晚拉开序幕。他们也只有在这里度过漫长的夜晚了。

　　雨淅淅沥沥地下了一晚上，空气很潮湿，让大头和斌仔感觉到非常不适。这种不愉快被第二天清晨的阳光打破，温暖舒适重归，挨饿了一个晚上的兄弟俩都在第一时间起床，尽情享受着美味可口的早餐。早餐之后他们将再次开启飞行模式，冲向他们最期待的下一站。

蜻 蜓 飞 行 日 记

第 七 章

海 壑 国 篇

▲ 金翼家族的代表，褐基裂唇蜓（*Chloromphus yokoii*）

| 航 点 解 析 |

　　2007年4月，我开始了对贵州省的蜻蜓搜寻，进军贵阳标志着我正式打开了考察中国西南的大门，因此我对这座城市有着特殊的感情。发小"小白"陪同我到了贵州很多地区搜寻蜻蜓，包括黔南布依族苗族自治州著名的小七孔和樟江风景区。迷人的贵州以其独特的喀斯特地貌吸引着世界各国的游客，也深深吸引着来自全国各地的昆虫爱

好者。我在黔南的收获非常丰富，短短几天时间我们遇见了上百种蜻蜓。这样难忘的经历使我再也忘不了这个山水之地。于是在当年的7月，利用暑假的时间，我又来打扰好友"小白"了。她也帮我四处打听，询问学校里研究昆虫的同学，帮我寻觅合适的蜻蜓栖息地。就这样，我找到神秘的陇脚村，也就是故事中的国王居所"海壑国"。

在陇脚村的经历让我永生难忘。2007年7月13日，我独自一人在峡谷中寻找蜻蜓，上午9点多，天气晴朗，太阳刚刚晒热了地面，突然从峡谷中飞来一只硕大的黑色蜻蜓，它从眼前迅速地通过，还没来得及看仔细，但我判断出来这是一只美丽的多棘蜓。我正在叹气蜻蜓跑得太快，这时峡谷中又突然出来了一个更巨大的家伙，也是快速朝着我冲过来，我提起手中的捕虫网将它一把拿下，当时还不清楚是个什么奇怪的蜻蜓，当我抬起网，简直是惊呆了，传说中的黄斑宽套大蜓！随着我幸运地转入蜻蜓学研究，可以对这种蜻蜓投入更多的精力。现在它的中文名已经被修改成蝴蝶裂唇蜓，是中国特有而闻名世界的旗舰种类，中国蜻蜓家族的国王，蜻蜓中的"熊猫"。从那时起，每年的七八月间，我准时到达这里，准时报到！十余年间，我目睹了这里的变化，这些蜻蜓在人类越来越频繁地干扰下，顽强地生活着。

大头和斌仔飞行了很多天，经过了无数的山谷和河流。他们一路打听，最后终于跨入了西南境。现在前行之路布满荆棘。蜻蜓王国的又一站即将开启。眼前开始出现了大片的喀斯特森林，神秘的海壑国就隐藏在这片森林中，那里据说是神秘的国王居所。

"海壑国究竟在哪个方位呢？根据我们打听到的消息，应该就在这附近了。"斌仔仔细观察着地面。

"嗯，国王居所应该会有所不同吧，我的心跳都加快了，好期待见到国王。"大头激动地说。

"你不是见到'女王'了吗？好像你们挺投缘啊。"斌仔偷笑。

"开什么玩笑，我们是蜓族，他们是豆娘族……原来你还惦记着高贵的'女王'陛下啊。"大头也很擅长这样的回答。

"我可没有，我脑子里唯一想见的只有国王陛下，据说人类封他们为熊猫蜻蜓，给予国王家族至高无上的尊贵。"斌仔心中也有高尚的理想。

"我也听说国王的性情温顺，是慈祥的长者。他们身披华丽的外套，具有非常高贵的飞行姿态，每次出现都会有无数的臣民朝拜。"大头心里默默地幻想着国王驾到。

"所以我们必须要找到国王，完成这个使命我们就飞去南方度假，享受温暖的阳光。"斌仔充满了信心。

"嗯，加油！"

中国南方的喀斯特森林已经被列入世界自然遗产，这片森林包括中国西南云贵高原的部分区域。海壑国就隐藏在这片森林中，这些国王家族的成员，尤其偏爱喀斯特地貌，他们生活在喀斯特森林中的开阔溪流中。

渐渐地一座大城市的轮廓出现了，这是一座山城，整个城市就坐落在卡斯特森林脚下。城市内有溪水围绕，也不乏直挺云霄的高楼大厦。这就是美丽的避暑胜地，凉爽的贵阳。

"好繁华的一座大都市！"

"嗯，我们踏进了西南境内了，这可是蜻蜓的王国，我们也接近最重要的目的地了，还记得和黄蜻们的约定吗？我想他们可能早已经到达了。"

"我们已经经过了这么多王国，终于要到达国王的居所了，回想起来一路的艰辛，也值得了。我如果见到国王，会和他好好聊聊，让他也给我封个官位，好好享受余生。"斌仔满怀希望。

"国王会问你，'斌仔，你千里迢迢来找我，就是为了图个一官半职吗？'"大头以一种严厉的口气模仿着说。

"哈哈，我想见到国王我可能激动得说不出话来了，还哪敢去讨封啊。"斌仔笑道。

"哈哈，你啊……"大头和斌仔开心地聊着、飞着……

飞离了城市的边缘，是一片绿色的希望。天空不时传来飞机的轰鸣声，这是贵阳龙洞堡国际机场重要的航道，刚好经过了海壑国的城门。

"根据我对地形的判断，这里应该是国王的势力范围了。你看这些奇奇怪怪的山，还有绿色的稻田和弯曲流淌的溪流，都和我们之前所了解的情况相符合。"大头分析着情况。

"嗯，据说到达国王居所要在山中绕行九十九道弯。"斌仔直冒冷汗。

"快来，看到前面的航线了吗？似乎很拥挤。"大头看到了通往王国的必经之路。

大头和斌仔渐渐飞低，沿着一条水流缓慢的清澈小溪慢慢进入了山谷，这是通往海壑国的路。

他们靠近了水面，一大群美丽的黑色豆娘正在水面上翩翩起舞，他们是这里的普通居民——透顶单脉色蟌家族。他们布满整个河面，密密麻麻地占据着水面。

大头和斌仔也见多识广，但是却被这样的一大群吓到了，他们的数量真是多得惊人！

大头赶忙询问："请问要到海壑国怎么走？"

"你去海壑国做什么？"一只豆娘高傲地说，似乎没有正眼看大头。

"我们从北方跋涉千里而来，想面见国王。"大头严肃地说。

"哈哈哈，就凭你还想见国王……"

"不自量力的家伙……"

大头话音刚落，被一群十分不友善的豆娘嘲笑了。

斌仔很气愤："给他们点颜色看看!"斌仔想冲上去教训这群没有礼貌的豆娘。

"斌仔，不要，我们还是不惹事，尤其是在国王眼皮底下，要小心行事。"大头赶紧上前去阻止。

斌仔很冲动，但还是控制住了情绪，冷静下来，飞回大头的身边。

这时一只美丽的蓝色小豆娘，悄悄地飞到大头肩上。

▲ 透顶单脉色螅（*Matrona basilaris*）

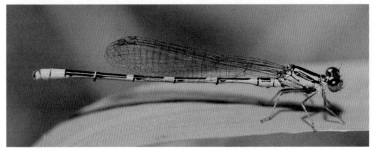

▲ 停在大头肩上的蓝色小豆娘——捷尾螅（*Paracercion v-nigrum*）

"这里已经是海壑国了，你们再往前走，经过九十九个转弯，就到了王国的城堡了。"

"谢谢你，可爱的小家伙。"大头和斌仔连声道谢。

"祝你们好运，伙伴们……"

"不是说山路十八弯吗，这里是九十九道弯啊！"斌仔有些不习惯。

"不管它有多少弯，这些还难不倒我们。"大头很坚定。

他们不知不觉地飞进这座山谷。山谷里面被一种神秘的气氛笼罩，一阵阵寒气袭来，光线也略显黑暗……他们已经闯进了这里的致命杀手——斑络新妇蜘蛛的领地。这些蜘蛛女郎在高空中架起大网，捕捉一切不留神撞上的猎物，当然也包括蜻蜓。

"感觉前面哪里不对劲，还是小心为妙。"斌仔打头阵在前。

"好的，减速飞行。"大头叮嘱着。

突然前方一个180°急转弯，紧接着是几十张张开的大网……

"不好了，斌仔大叫，前面有危险！"他大叫着，几乎已经撞上了。

"赶紧提升高度，身体向右倾斜45°。"大头看清了斌仔的情况，立刻发出了飞行指示。

怕来不及了，斌仔赶紧按照大头的指令调整方向和高度，幸运地从两张斑络新妇蜘蛛的大网之间的一个小孔道逃脱，大头随后以同样的飞行方式通过这个陷阱……

"好惊险！"斌仔终于松了一口气。

"看到了吗？这些恐怖的大网上有各种尸体，好可怕！"大头还没有平息紧张的情绪。

"多亏你及时指点，我才得以脱身，救命之恩啊！"斌仔感激地说。

"不要这么客气了，你不也曾经奋不顾身地救我吗？我们就是要互相帮助，互相照顾！"大头说着就飞到了斌仔前面，"接下来由我来带路，你在后面，我们互相交换着领路，这样更加安全。"

"遵命！"

就这样，他们互相依靠着，穿过了死亡之谷的几十道弯。这些蜘蛛的大网布满整条山谷，他们两个小心翼翼地闯过每一道关卡……

蜻蜓的天敌

　　蜻蜓的天敌有很多类，最大的威胁来自鸟类和蜘蛛。在热带丛林中，斑络新妇蛛成了蜻蜓最大的敌人，大意的蜻蜓很容易撞上这些恐怖的大网，成为蜘蛛的美餐。

▲ 被斑络新妇蜘蛛（*Nephila pilipes*）捕捉的蜻蜓

　　"前面就是第九十九道弯了，集中精神飞跃这里。"大头一声令下，胜利在握。

　　过了第九十九道弯，豁然开朗，在穿越了这片茂盛的森林之后，一处开阔地出现在眼前。阳光充足地洒在地面上，水面上又浮现出飞舞的豆娘，一群骏马在一望无际的绿色草地上奔跑。半山腰上，一幢幢白色的小楼，在太阳下格外的耀眼。这是人类的布依族部落，他们也生活在这个神秘的蜻蜓王国。

　　海壑国的城堡最终出现，它坐落在喀斯特的峡谷里，由一条白马河纵贯境内。这条河水清澈见底，水底铺满金色的沙砾，似乎是金碧辉煌的宫殿。在城门口的大牌坊上，布依族部落刻着"神秘陇脚"，他们世世代代与这里的蜻蜓为伴。人们种植的水稻田，修葺的小水塘，都成了蜻蜓居民的居所。这里视野开阔、景色别致，也是布依族重要的一种文化遗址——土法造纸之地。

大头和斌仔在王国的大门口徘徊了许久，却不见守卫，似乎这里是一个更加自由的国度。他们很快到达了第一个蜻蜓居住区——源头部落。这里居住着无数细小的豆娘，各种颜色，蓝色的、绿色的、红色的、黄色的、橙色的，让大头眼花缭乱。这些居民略显尊贵，他们守护着人类的水稻田，为人们消灭稻田中的害虫，因此受到人类的尊敬和呵护，日子过得逍遥自在。

"大头，我想知道这些小家伙是怎样到达这里的。我们都费了好大劲才飞到这里，看起来他们的飞行技术也不差啊。"斌仔很好奇地看到在这样的大山脉里，还有如此众多的豆娘。

他们的聊天被一只热情的豆娘打断。他飞上来，伸开白色的大长腿，表示欢迎，一张口却是一种非常低沉的声音，让兄弟俩很吃惊。"嗨，你们终于来了！"他似乎懂得很多。

"您好，我不知道该怎样称呼您，但是看起来，您是一位长者。"大头深深地鞠躬，他知道这位先生或许可以指引他们找到国王。

"我是这个源头部落的首领——禄丰，每个到访这里的客人，都得先经过我们的部落。"

▲ 源头部落的首领——禄丰，白狭扇螅 (*Copera annulata*)

"确实，我们一下子就被这里的环境吸引来了！"

"嗯，我们这一大家子豆娘，一直生活在这里。我们的祖先有着光辉的历史，想当初，他们乃是蜻蜓国的大元帅，为皇族效力，保卫城门。如今，我们的责任轻了，卸下重任，愉快地享受生活。"

"那么说如今没有守卫了？"斌仔发问。

"不是没有，而是不守在城门口了。"禄丰继续介绍。

"国王的护卫队都被调走了？"斌仔很好奇地问。

"国王家族会根据王国的情况做出调整。今年的国王是蝴蝶十二世，名叫爱德华，是一个开放的君王。国王是白马河的守护神，他们被赋予了重要的使命，就是保护这条生命之河。他把国王护卫队都安排在白马河上，原因是这条河流已经出现了一些问题。"

"什么问题？"大头紧张地问道。

"河流的上游由于人类正在改造自然环境，导致河水水质出现问题，直接威胁到这里居民的正常生活。因此国王陛下每天都要亲自巡视！"

"真是一个英明的君王！"大头称赞。

"我们家族每年在此等候使者的到来，很高兴你们如约而至。"禄丰已经等候多时。

"就像伟蜓族每年都要飞越千里，来面见国王，我们代表临冬城的所有居民，表示对国王的敬意。"

"这是一个千古不变的传统。各个王国的子民，都聚集在一起共商存亡大事。你们作为临冬城的使者，也是非常幸运的，因为没有多少子民可以一睹国王的风采。那简直是无与伦比的美丽和高大，我真的很难形容……"禄丰说到这里，难掩激动的心情。

"这么说您可以经常和国王见面？"

"面见圣上可没那么容易，我们的部落也不会参加参议院的大事。国王家族会时不时地经过这里，当他们从山谷的高空中飞过，我们才有机会见到……"

"原来是这样，距离议会的时间不远了，各国的使者都到了吧，我们已经等不及了！"

大家已经陆陆续续到达了，有来自天空界的金翼家族，他们来自遥远的国度，也是长途跋涉来面见国王；还有来自南琼岛国的"凤凰"豆娘，他们拥有华丽金银色外套……

"看来我们又要大开眼界了！"

大头和斌仔在源头部落认识了很多新伙伴。他们经过了几天的飞行略显疲惫，很早就休息了，期待着第二天能亲眼见到国王。夜晚来临，秋意越来越浓了，山林里有淡淡的寒意。

清晨的陇脚村被整个大雾笼罩，山谷中弥漫着白色的青烟，仿若仙境。这也预示着雾气消散后的晴朗。清晨的温度很低，大头和斌仔无法起飞，他们安安静静地等待太阳公公驱散迷雾。

▲ 天空界的代表，裂唇蜓金翼家族，戴维裂唇蜓（*chlorogomphus daviesi*），来自云南

上午9点以后，第一缕太阳光穿过浓浓的迷雾，透射到源头部落。水汽上升，气温升高，很多细小的豆娘开始了一天的忙碌。他们纷纷飞进稻田里，为人类清除害虫。大头和斌仔也揉揉眼，似乎该活动了。天空飞过一排排黑色的裂唇蜓护卫队，他们从高高的山谷直下河岸，一场壮丽的航空表演开始了。

大头和斌仔赶忙从树上跳起，他们静静地观望着井井有条的军队，不敢打扰。

距离议会的时间越来越近了，大头和斌仔正在紧张地准备着。他们作为临冬城的使者，带着临冬城首领的嘱托，来完成这项重要的使命——把临冬城的信息传递给国王。

大头和斌仔都忙着打扮自己。他们时不时地掠过水面，清洗掉一路飞来的尘土，并用他们的前足清洗自己的绿色大眼睛。

"你快帮我看看，还不错吧？"斌仔费尽心思打扮着自己。

"相当不错，你帅呆了！"大头夸奖了斌仔，"看看我，快给点建议。"

"嗯，脸没有洗干净。你看，还有泥土，你的尾巴呢，还不够长，快，让我帮你拉直。"斌仔开玩笑地说。

"还有心情开玩笑，我的心都怦怦跳了。"大头越来越紧张了。

"今天只是个仪式，明天才是议会，你紧张什么？"

"寻觅许久的国王终于要出现了，能不激动吗？"

"反正我已经准备好了！"

"那我们就出发吧！"

他们从源头部落起飞，朝着这条美丽的河水飞去。水面上早已经挤满了各国使臣和一群群的国王护卫队。他们惊奇地发现，在天堂岭的女王家族，美丽的赤基色螅，在这里都屈为臣子，这也尽显了国王的尊贵之身。

水面上开始变得异常的庄重。一群群赤基色螅、透顶单脉色螅在河岸上排成一队，他们低着头，将尾巴翘起，这是迎接国王的礼仪。水面上行进着由裂唇蜓族、春蜓族和蜓族组成的军队，他们慢慢地低空飞行前进着。在护卫队经过了很久之后，终于，最激动人心的场面出现了。好比一架空客380客机，他巨大的双翼可以与任何其他的蜓族区分，后翅上那一对巨大的荧光黄色眼睛，足以吓退敌人。国王家族沿着河面中心缓缓驶来，尽显皇族的高贵。大头和斌仔站在河岸，他们静静地等待国王家族经过的那个瞬间。越来越近了，大头感觉到了心跳的迅速加快。他几乎可以清楚地看到，国王家族绿色的眼睛，身披贵族独享的黑色和黄色外衣，那最迷人的双翼在太阳光的照射下发射出耀眼的光芒，这就是国王的皇冠。

仪式正式开始，赤基色螅们飞向水面，他们在水中的岩石上摆出俏丽的姿态，然后一群群黑色的单脉色螅，以非常优美的舞姿在河面上飞舞，这种高超的飞行本领好像是水上芭蕾。护卫队的大型蜓族，有的以悬停飞行站队，有的在水面上往来巡飞，监视着一切动态。一共有三位国王家族的成员亮相，他们是国王爱德华的三个亲兄弟，代表最高统帅，向参加今年议会的使者和各地的来访者致敬。他们先后亮相，让各地的蜻蜓子民大饱眼福，大头和斌仔也终于亲眼见到传说中的国王家族，似乎比想象的还要高贵。这是蜻蜓王国至高无上的美，他们从心里深深地敬佩。

短暂的欢迎仪式在中午时结束，这三个巨头很快不见了踪影。确切地说他们仅仅在河面上溜达了一趟，大头和斌仔也仅经历了这样短暂的相遇，但对他们来说已经非常满足了。距离明天的议会还有半天的时间，在目睹了国王家族的尊荣以后，兄弟俩又在计划着，他们必须好好准备明天的发言。现在这里已经汇集了各国使者，都在等着向国王汇报。他们代表的临冬城，远在遥远的北境，那里常年被冰雪覆盖，生活异常艰苦，相对南方王国的居民，要经历更多的磨难。一场精彩的演讲至关重要，大头精心准备着，除了让各国使者了解自己的家乡，还要得到国王的肯定，这将是一项至高无上的荣誉。

"好了，不要太紧张嘛，来这里几天了，还没有好好逛逛这里的山水呢，不如下午我俩走走吧！"斌仔待不住了。

▲ 飞行中的蝴蝶裂唇蜓（拍摄 宋睿斌）

"可是我明天还要发言……"还没等大头说完，斌仔拉起他。

他们两个沿着美丽的白马河一直飞向上游，在半空中俯瞰白马河仿若一条金色的纽带，他们被一群有趣的人类建筑吸引了。

"这是一些茅草房吗？你看，很有意思，有很多小池子，是为这里的蜻蜓建造的居所吗？"斌仔好奇地问。

"看起来有点像啊！"大头也想过去探访这里的民生。

他们穿过河流，低飞到这些连片的水池上，突然一只巨大的蜻蜓冲上来差点袭击了他们……

"没想到国王眼皮底下还有这般凶猛的家伙！"斌仔很气愤地说。

"你们可是闯进了我的领地，不过看起来你们不是多棘蜓族，就放过你们吧！"一只身体黑色、具有苹果绿色条纹的雄性红褐多棘蜓正在守卫着领地。

"你好，我们不是要来和你争夺领地的，我们是来参加议会的使者！"大头赶忙上前解释，以免发生不必要的争斗。

"你们看起来是外乡人。"

"这些水塘似乎是人类修建的？"大头问起来。

"没错，这是人类废弃的水池，他们修建这些池子来泡那些竹子，你看那几个池子也是满满的！"

"这些竹子用来做什么呢？"大头继续问道。

"纸！人类最伟大的发明之一就是造纸术，他们用纸记录下他们的生活。"

大头和斌仔渐渐明白，其实蜻蜓家族和人类是紧密地连接在一起，他们处处都与人类为伴，共同生活着。

▲ 守卫领地的红褐多棘蜓（*Polycanthagyna erythromelas*）

非物质文化遗产和蜻蜓的关系

看起来人类的非物质文化遗产和蜻蜓没有丝毫的相关性，但至少有一种非物质文化遗产和一个蜻蜓类群密切相关，那就是在贵州中部的土法造纸工艺。在贵阳市郊区的神秘陇脚，在喀斯特的开阔峡谷里面，有很多土法造纸作坊。看起来很不起眼的小茅草房，却和一个蜻蜓族群的生活密切相关。造纸作坊附近经常有人工修建的水泥坑，这些池子是用来沤制竹条的。竹条经过几个月的沤制后拿出来成纸，这种工艺已经有几百年的历史了。造纸作坊常常有很多废弃的竹坑，由于坑很深，又处于多雨的环境，因此坑中经常积水。这给几类蜻蜓创造了非常重要的栖息地，最重要的一类是多棘蜓属（*Polycanthagyna*）。多棘蜓是中国南方山区较特殊的一类大型蜻蜓，因为它们似乎只光顾这些非常孤立的水池，从不在各种具有丰富水草的湿地和溪流中繁殖。它们非常依赖这些人工水池。晴朗的午后，雌性多棘蜓会小心翼翼地飞下坑里产卵，而雄性也会经常悬挂在水坑上的灌木中。

很巧合的是，我曾经是一名工科的学生，在硕士研究生阶段，我从事的是制浆造纸工程的研究。如今，我仍然和造纸工艺如此亲密的接触，这些蜻蜓与造纸工艺如此完美的结合，展现出人类与大自然和谐的一面。我从未想到多棘蜓属的蜻蜓会如此偏爱这类栖息环境，或者这是它们对人类的依赖。也感谢土法造纸，给山里的蜻蜓创造了一片生存空间。

▲ 黄绿多棘蜓在废竹坑中产卵（拍摄 莫善濂）

　　根据国会的规定，每年的9月8日是蜻蜓王国一年一度的大聚会，各国使臣和代表相聚国王的居所——海壑国参加议会。只有最优秀的使臣可以抵达这里，也只有最优秀的飞行家有发言权去与国王亲密交谈。这些幸运的访客，除了可以观光海壑国像海洋一样广阔的纵横沟壑，还可以一睹世界蜻蜓领域的顶级巨星——国王家族的风采！

　　这个早晨，天气十分晴朗，太阳似乎也按捺不住激动的心情，很早就把光芒洒满整个王国，让爱睡懒觉的家伙都早早地爬起来。你瞧，我们可爱的斌仔就被太阳吵醒了。

　　"怎么今天天亮得这么早啊？"斌仔揉揉眼睛。

　　"快起来了，议会就要开始了，我们早点去争取一个好的位置，这可是唯一一次近距离欣赏国王的机会！"

　　"议会！！"斌仔跳起来，"我没睡过头吧？"

　　"当然没有，今天没有雾气，所以太阳出来得早！"大头偷笑着。

　　"原来如此，我说我从不睡懒觉的。"斌仔笑道。

　　"你睡得还少啊，你快帮我看看，我今天看起来不错吧？我可是要代表遥远的临冬城的子民出席并发言，这是何等重要的大事啊！"大头心情微微紧张。

　　"嗯，我们终于等到了这个神圣时刻！"

　　"快点出发喽！"大头和斌仔激动地飞往会场。

　　早起的鸟儿有虫吃。他们最先到达会场，选择了一个合适的位置等待。斌仔帮助大头整理着装，他看起来气色不错。

　　"护卫队来了！"

　　国王的护卫队从天而降，依次排开，保护着整个会场的秩序。蜻蜓十二国的使臣们井井有条地排列好，他们将按照抽签的顺序依次发言，大头的幸运数字是8！

"国王驾到！"场面更加庄重，护卫队首领大声宣布，所有蜻蜓臣民都鞠躬致敬。

只见护卫队的最前方，是一群着装整齐的大个子裂唇蜓，而紧随的是由5只蝴蝶裂唇蜓组成的黄金护卫队。黄金护卫队的正中心，正是万众瞩目的国王——爱德华！他风华正茂，和所有见到的蝴蝶裂唇蜓家族成员不同，他后翅那双漂亮的眼状斑是白色而不是黄色，明显与众不同。

"我宣布，蜻蜓王国年度代表大会正式开幕……"国王一开口，全场沸腾！

┌ 蜻蜓小教室 ┐

蝴蝶裂唇蜓

　　1927年，昆虫学家里斯（Ris）发表了一种产自中国广东的奇特蜻蜓，根据雌性模式标本的特殊形态，他将这种蜻蜓命名为"*Chlorogomphus papilio*"，中文名为蝴蝶裂唇蜓。蝴蝶裂唇蜓的发现使整个裂唇蜓家族备受关注，雌性个体的翅展可以逾越150毫米，是当之无愧的巨型昆虫，也是全球蜻蜓界的巨星。蝴蝶裂唇蜓就好比蜻蜓中的"大熊猫"，被全球的昆虫学家给予了极高的关注度。2016年是蝴蝶裂唇蜓被发现的第90年，而野外调查也有新的收获。在贵州中部发现的一只雌性个体，翅展达到156毫米，成为中国目前翅展最大宽度。蝴蝶裂唇蜓是蜻蜓目的瑰宝，栖息在中国和越南北部。它们比较偏爱开阔而流速缓慢的山区溪流，雌虫在浅滩上产卵，它们是喀斯特地貌的最大受益者，峡谷中大量的开阔溪流为它们缔造了无限的栖息地。

▲ 国王爱德华，蝴蝶裂唇蜓（*Chlorogomphus papilio*，雄）

大会在掌声和欢呼声中顺利地进行，各国使臣都轮流讲演，终于要轮到来自临冬城的使者出场了！斌仔向大头做出一个手势，示意让他放松心情，做一场精彩的报告。大头第8个登台：

"尊敬的王国陛下，尊敬的各位来宾，大家上午好，我是来自遥远的北方王国，临冬城的碧伟蜓大头。那是一个寒冷的国度，常年被冰雪覆盖。今天我很荣幸地代表临冬城的所有臣民，来参加这次蜻蜓王国神圣的议会。我们经过漫长的飞行，终于来到了这片神秘的土地，受临冬城首领的委托，我们携带了来自临冬城千里之外的礼物——金色勋章。金色勋章里装的是黑色圣物，这是黑色的土壤，临冬城的故乡之土。它代表了临冬城的60种蜻蜓居民，世世代代安居乐业，也象征了那片肥沃的土地，可以继续孕育生机，让蜻蜓家族继续延续下去……"大头用简单的话语代表了这片远方土地居民的心愿，生存是大计，在这样一个变化的年代，要保证蜻蜓家族的兴旺不是一件易事。

"虽然我们正面临着严峻的生存考验，很多家园被摧毁，全球气候变暖也正考验着我们，但临冬城的所有居民有信心克服重重困难，让临冬城永远充满蜻蜓家族绚烂的色彩，我们保证向国王效忠，保证和人类伙伴们和谐相处，保证帮助人类消灭水稻的害虫。"大头的演讲激情澎湃，引起了一片热烈的掌声。

大头的演讲也获得了国王的认可。他亲自接过这枚勋章。"金色代表收获，黑色代表希望！感谢你们，我亲爱的子民！我会把这枚珍贵的勋章，希望的种子，播撒在海壑国的城堡，保佑国王家族和所有的蜻蜓居民可以安居乐业！"

就这样，蜻蜓十二国都有大臣和使者出席并发表演说，激情澎湃的讲演引起全城的轰鸣掌声。在会议最后时刻，国王向大家宣布："我亲爱的臣民们，今年的议会非常顺利，国王家族会一如既往地做好统帅工作，积极解决各国的疑难问题，让我们所有的家族都可以生生不息，愉快地生活。最后我想向大家宣布，国会一年一度的蜻蜓王国选美大赛正式拉开序幕，今年的选美大赛将在美丽的天空之城——天空界举办，那里是离天空最近的地方，拥有最迷人的风景和最舒适的气候，被誉为'蜻蜓之地'。欢迎各国使臣和形象出众的代表参赛，国王家族会送上最美好的祝福。最优秀的参赛者将被载入史册，代表蜻蜓家族走进千千万万人类的家庭，作为使者和人类互动，为拉近蜻蜓族和人类的距离做出贡献，蜻蜓家族将永远铭记这些功臣。因为只有人类可以让蜻蜓家族永远繁荣。"

所有到场的蜻蜓家族都情绪激动，大家狂欢着，庆祝这次国会的胜利闭幕。这时，一个意外的惊喜出场了——王后亮相。她身披无比华丽的蝴蝶外套，形象比国王还要高贵许多，她的出场再度引发全场的沸腾！

▲ 蜻蜓王国的王后，雌性蝴蝶裂唇蜓（*Chlorogomphus papilio*）

"天啊，真不敢相信自己的眼睛！"大头感慨万分，他深深地被王后的高贵所折服。

"我从心里佩服，也看到了伟蜓家族与国王血统的差距，我敢说，如果国王去参赛，没有人可以胜得过他们！"斌仔也连声感叹！

"嗯，不过王族不会去参加选美大赛，把好的机会都留给了平民。据说最初他们也是通过选美大赛的胜出，才获得国王宝座，而且再也没有任何一种蜻蜓可以让他们退位。人类视他们为至宝，称他们为旗舰物种，并且他们用国王的存在来评价生态系统，因此国王和人类的亲密关系也是其他蜻蜓族无法取代的，他们当之无愧。是他们让人类给予了蜻蜓家族更多的关注和保护，所以我们必须感谢他们！"大头绝对是出色的演讲员！

国王和王后牵着手向所有臣民致敬。当他们经过大头和斌仔的身边，国王向他们伸出大拇指，手动点赞！这一刻将永远印在大头的脑海里。随后国王家族退场，用他们最特别的飞行道别，那翅上的黄色飘带一直闪烁在山谷中，让到场的所有臣民永生难忘！

"好了，不要再看了，他们已经离开了，我们也该走了！"斌仔望着还在默默张望的大头。

"好舍不得，想起我们从故乡的水里，脱胎换骨，最终成长为能飞行的蜻蜓，已经是很幸运的事。如今，我们代表临冬城，顺利地完成了自己的使命，把故乡的黑土留在了这片土地，与国王有如此近距离的相遇，都是这一生无比的荣耀！"大头含泪送别了国王！

"不要悲伤了，国会还没有结束，一起去参加选美大赛吧！"来自南琼岛的丽拟丝螅"凤凰"上来邀请他们，"我飞得慢，可要早点动身了，不然错过了！"

"嗯，我们也准备去天空界，让我们去开开眼界吧！"斌仔兴致勃勃地回答！

天空界，大头和斌仔即将启程，前往这个传说中的绿色之城，去那里参加选美大赛。在北方已经渐渐被冰雪覆盖的时节，尽情享受那片热带雨林的冬天！

蜻 蜓 飞 行 日 记

第 八 章

天 空 界 篇

▲ 晓褐蜻（*Trithemis aurora*，雌）

　　本故事的天空之城天空界，设定在云南西部德宏州的铜壁关国家级自然保护区，那里有大量的原始热带雨林，是一片蜻蜓的乐土。

　　我在云南最初的科学考察都集中在西双版纳州，2009-2012年的考察期间，记录了西双版纳州近160种蜻蜓。从2013年起，我开始大规模地考察滇西地区，包括大理州、德宏州、普洱市和临沧市。结果很明显，在西部边缘，渗入了大量的印缅区系的种类。仅在2013年7月的一次考察中，盈江县记录的蜻蜓就超过130种。一直到2016年11月，我仍然持续地在德宏州发现新物种。普洱市西部、临沧市亦是如此。

　　在西部边缘地区，隐藏着大量神秘的蜻蜓，很多是新种。我汇总了一份几年间在云南的蜻蜓名录，超过400种蜻蜓已经被发现。我相信，云南省是全世界最重要的蜻蜓栖息地，而且至少有500种蜻蜓生活于此，是名副其实的"蜻蜓之地"。

　　大头和斌仔的行程十分紧张，他们没有在海壑国过多地停留，虽然大头很期待与国王再次见面并道别，但是国王再也没有出现过。

　　他们一直往西飞行，或许是之前经历了太多的磨难和坎坷，这一段飞行非常顺利，很快就进入这个传说的蜻蜓圣地——云南。这里的山脉更加宏伟，这里的天空更加蔚蓝，空气中弥漫着淡淡的清香，雨季过后的云南充满了生机! 云南背靠青藏高原，面向中南半岛和印度洋，光热和水土配合得天衣无缝，也造就了无限丰富的物种资源。这里拥有中国罕见的原始热带雨林，发达的水系贯穿在山脉之间，诸多蜻蜓王国就隐藏其中。

　　一只成年蜻蜓最骄傲的是永远做一名超级空中飞人。大头和斌仔在高空中俯瞰地面，滇池、洱海、哀牢山、无量山、苍山，这些美丽的地名都在这条神秘航线中一一亮相。青山环绕着村庄，弯弯的河水流淌在村庄和青山之间，共同装点着这片沃土。蓝天白云，充盈的水，北回归线的阳光，造就了这里不凡的天赋资源。眼前的这幅山水田园画正是一个美丽的地方，它叫德宏。德宏傣族景颇族自治州位于祖国西南边陲，云南省的最西端，在傣语中，德宏意为"怒江下游的地方"。德宏州的北、西、南三面都与缅甸接壤，自古以来就是中国通往东南亚各国和印度洋最便捷的陆路口岸。

　　大盈江水自高黎贡山流下，顺着滔滔江水，大头和斌仔一路前行。滔滔江水何处去，勐腊象城至此回。就这样，在天色接近黄昏的时候，他们终于抵达了天空界的城门。城门下面就是中缅边界线的长长河谷。一条河，地跨两国。大头和斌仔早已迫不及待地飞进了天空界，和众多前来这里参加选美大赛的蜻蜓模特共同翱翔在天空。

　　这个夜晚很难忘，大头几乎到达了这条航线的终点，也是他们必须要到达的地方，只有这里的温暖气候可以帮他们度过漫长的冬季。在北境已经进入寒冷的时节，他们仍然可以尽情享受这里温暖的阳光和热带雨林的湿润。明天，选美大赛开幕，又会有怎样的精彩故事呢? 大头和斌仔渐渐地进入梦乡……

清晨的阳光猛烈地照射，使温度迅速爬升。这里的紫外线格外强烈，很快打扰了大头和斌仔的美梦，也拉开了选美大赛的序幕。主会场由连片的湿地和清澈的溪流组成，为各国的参赛选手提供了充足的展示空间。

选美会场异常拥挤，都是极为鲜艳的色彩元素，红色、紫色、蓝色、黄色，把这片绿色的山谷装扮得花枝招展。美丽的蜻蜓再次出场，这是一群曜丽翅蜻，在太阳下炫耀他们的缤纷色彩；一群群红色的赤斑曲钩脉蜻、红腹异蜻、长尾红蜻都匆忙地寻找合适的地点登台；粉红色的赤褐灰蜻和晓褐蜻结盟，一同参赛……大头和斌仔看得眼花缭乱……

┌─────────────┐
│ 蜻 蜓 小 教 室 │
└─────────────┘

蜻蜓的美学价值

作为一类美丽的观赏性昆虫，蜻蜓的美学价值具有无限的潜力。这些大自然的元素和色彩搭配可以激发许多艺术家的创作灵感。蜻蜓的迷人色彩可以让更多的微距摄影爱好者痴迷，复眼如同宝石般的晶莹剔透和身体上汇集的所有色彩体系可以让爱好者不惜花费时间和精力到野外寻找它们。这样的色彩也使蜻蜓家族位列旗舰物种的行列。科学家们通过蜻蜓来监测环境，正是因为它们体形大、艳丽、容易识别。

▲ 曜丽翅蜻（*Rhyothemis plutonia*）

▲ 赤斑曲钩脉蜻（*Urothemis signata*）

▲ 长尾红蜻（*Crocothemis erythraea*）

▲ 晓褐蜻（*Trithemis aurora*，雄）

大头和斌仔正在琢磨着，伟蜓家族要具备怎样的潜质才可以在如此众多的蜻蜓家族中胜出？在临冬城如此骄傲的他们也清楚地看到南方诸国蜻蜓家族的实力。就在这时，选美大赛的会场接近沸腾了，一个看似熟悉的身影出现了。

一位翠绿色、和大头个头相当的绿色演员登场，他大摇大摆地飞进池塘，看起来十分高傲。他的着装打扮显然是伟蜓家族独有的绿色，但似乎更多了些质感，而他尾巴上整齐排列的金色斑点却比大头和斌仔出色很多。他究竟是谁？

"嘿，兄弟，咱们家的亲戚来了，哈哈。"大飞认得出来这个大人物。

"原来我们伟蜓家族也有如此高贵的装扮！"斌仔看着心潮澎湃。

"真是为家族而骄傲啊！"大头也连声称赞。

"大飞兄，你们家族见多识广，快给我们介绍下吧。"

"来，请听我说，这是印度伟蜓！伟蜓家族的高贵成员。据说他们只在天空界出现，而且每年就在这个时间到来，专门来选美大赛凑热闹，但他们性格孤僻而高傲，从不理人，所以我们黄蜻族和他们并没有建交。"

"原来是这样！"

"还有，听说他们并不是来参加比赛的，仅是来观望的！"

"啊，那我们伟蜓族岂不是没有胜算了？"

"比赛只是个游戏，不用太在意结果，享受过程吧，兄弟们！"

"嗯，说的是，能见到如此多的新朋友，我们已经心满意足了。"

大飞的话音还没落，居然又有一个别具特色的伟蜓族亮相，他似乎以一种更霸气的飞行姿态空降选美会场，立刻引起一阵骚动。这个深绿色的大头蜓族，也是身披伟蜓家族独有的绿色外套，想必又是一个贵族。大头和斌仔谨慎地观望着，因为这些热带王国的居民确实让他们觉得有些陌生。

"你们快看，又来了一位，又是你们家亲戚！东亚伟蜓！这是我有生以来第二次见到他们！"大飞也激动起来尖叫。

印度伟蜓和东亚伟蜓

印度伟蜓已经在西双版纳地区被发现，它是一个喜欢热带气候的种类，因此在这片热带雨林中发现并不奇怪。东亚伟蜓的发现则非常意外。这种蜻蜓在中国台湾广布，但在中国大陆尚未有过记录，因此这笔记录填补了这个间断分布的空缺。现已经确定这两种伟蜓在西双版纳的秋季较容易遇见，而它们究竟是本地种群还是迁飞种群尚无定论。伟蜓属（*Anax*）由于体形大、体色是绿色而显著，被给予了很高的关注度，是蜻蜓爱好者眼中的极品。

印度伟蜓的体形和碧伟蜓差不多大，但它们的腹部拥有更美丽的黄色斑纹，而东亚伟蜓体形更大，体色更暗。这两种蜻蜓都是敏捷的飞行家，很难靠近。伟蜓属由于它们招牌的绿色体色被诸多的昆虫爱好者关注，吸引了无数的粉丝。在所有被人类所关注的蜻蜓成员中，伟蜓属拥有一席之地。

▲ 印度伟蜓（*Anax indicus*，雄）　　　　▲ 东亚伟蜓（*Anax panybeus*，雄）

"没错，绝对是高富帅啊，看起来我们家族在这里还是有一席之地。"大头骄傲地说。

大飞接着讲述："当然，天空界是一个非常开放的王国，外来和迁移的蜻蜓族每年往返穿梭于此，因此国王没有给天空界设立任何管辖机构，各个蜻蜓家族都是各显神通。"

斌仔也看明白了这个理："确实，就像这场选美大赛，没有国家的限制，非常自由。"

"选美大赛还有几个分会场，你们有去吗？那里有很多更神秘的参赛者，据说都是豆娘家族的美女。"大飞显然已经做好去分会场的打算。

"必须去欣赏一下！"

"等国王张贴公告，公布比赛结果，你们就可以知道伟蜓家族到底有没有榜上有名！"

"期待着，不过不管谁获胜，我都祝福他们。"

或许只有在冬季，云南的色彩才能展示出她的纯粹。也只有在冬季，云南的美才完全没有距离。因为云南的冬天，空气里的水分子总是会比别的地方少，所以天空蓝得通透，蓝得让人妒忌。蓝天底下的热带雨林中，一场选美大赛正在风风火火地进行着。这是选美大赛的一个分会场，特设在茂盛的热带雨林中。这里的溪流被茂盛的森林遮蔽，没有强烈的阳光，是专门为一些害羞的参赛者精心设计的，那是一类绚丽多彩的豆娘家族……

大头和斌仔早已经到达这里，并占据了最佳的前场位置，他们等待着这场激动人心的表演。不久，一只看起来灰暗的豆娘模特首先登场，然而他乍看起来很不起眼。这是一只黑顶亮翅色蟌。

"看起来很一般啊？没什么特别之处。"斌仔表示出不满情绪。

"不要急，好戏在后面！"

这只豆娘在溪流上慵懒地环顾之后，停落在一片有阳光透射进来的叶片上，然后开始慢慢地展开他的双翅。谜底终于揭晓了，他凭什么能够进入选美大赛的最后决赛环节？秘密就隐藏在他的翅上，黑暗中不起眼的翅在阳光照射下放射出霓虹斑的金属色彩，一道道七色光打映在他的翅上，仿佛是被太阳附体，他轻轻地拍打双翅，把这些耀眼的色彩展现给所有观众。

"哇！"斌仔的态度立刻180°转变！

紧接着，另一只具有相似身材的豆娘出场，他除了拥有同样霓虹色彩的双翅，还身披雪白色的外衣，在绿色的丛林中格外突出。原来他是白背亮翅色蟌。或许这就是热带雨林的魅力，来自热带的色彩元素，使这些亮翅色蟌成了这里的招牌。

▲ 黑顶亮翅色蟌（*Echo margarita*）

▲ 白背亮翅色蟌（*Echo candens*）

亮翅色蟌属

　　从名字就可以看出来这类豆娘的特点是具有色彩亮丽的翅。亮翅色蟌在中国非常稀有，它们仅在云南西部的德宏州和西藏东南部有几个零星的分布记录。目前该属在中国已知3种，其中白背亮翅色蟌是2015年在云南德宏发现的新种。这种豆娘躲藏茂盛的热带雨林中，雄性身披白色粉霜，而黑顶亮翅色蟌虽然体色灰暗，但翅放射出来的霓虹金属光泽十分迷人。

"美丽的亮翅色螅，热带雨林的神奇生物！"大头很快认出了他们。

"哇，果真与众不同。"斌仔也满意了。

"当然，来自另一个不同的国界——缅甸国，那里可是热带虫族的国度！"

"大头，快看，又来了几个娇艳的豆娘！"

拥有金色翅的安氏绿色螅；一身金色外套，拥有一个大鼻子的黄侧鼻螅；一身靓丽的金属绿色，翅上一条烟色带子的褐带暗色螅以及超级苗条，拥有魔鬼身材的金脊长腹扇螅和四斑长腹扇螅都一一登场。身体形态最夸张的扁螅家族，也放下了害羞，跑来展示他们比例失调的身材——他们拥有非常长的尾巴！这些奇异的豆娘使这片森林会场格外热闹，观众一片沸腾。

▲ 安氏绿色螅（*Mnais andersoni*）

▲ 黄侧鼻蟌（*Rhinocypha arguta*）

▲ 褐带暗色蟌（*Atrocalopteryx fasciata*）

▲ 金脊长腹扇螺（*Coeliccia chromothorax*）

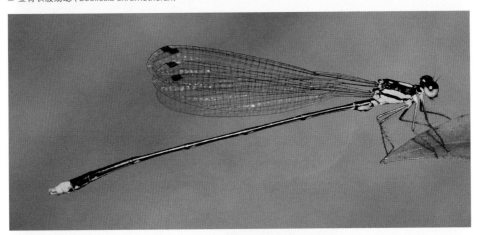

▲ 四斑长腹扇螺（*Coeliccia didyma*）

▲ 热带雨林的怪兽，扇螺家族（*Protosticta khaosoidaoensis*）

"大头，你看那些细细长长的豆娘，一定可以获得最佳身材奖，这绝对是大自然的杰作！"

"斌仔，你看那些奇怪的鼻子豆娘，他们的鼻子好大，真是有趣。"

"大头，如果让你选，你会选哪位呢？"

"唉，好纠结，太难决定。我更偏爱亮翅色螅家族，那种霓虹色彩让我无法抗拒，你呢？喜欢谁家的？"

"确实不错，但我看好扁螅家族，这身材，太诱人，我也想要！"

"奇怪的是，这个会场咋不见个蜻蜓族？都是豆娘的天下，难道是为豆娘单独设立的吗？"还没等大头话音落下，他们的老朋友又出现了。

"有蜻蜓族喔，这热带雨林里有蜓族也有蜻族，但是要看到他们出场，可没那么容易。我怕你们看到了他们又会自叹不如呢！"大飞也早已经到达会场，或许是他太热心肠，也或许是他特意跑来炫耀他的百科知识。

"大飞，你也来了，你这么说，我还更要看个究竟，到底是什么样的装扮，什么样的身材！"

大头和斌仔决心继续等待更多的惊喜。

终于，在下午的炎热时间，一个身影似乎从树冠上飘下，好像一片金红色的叶子，在雨林中忽隐忽现。开始，他只是在半空中来回盘旋，或许是为了展示他的超级穿梭能力，可以在如此茂盛的森林里飞行自如。他慢慢地靠近下来，围绕着一棵直挺挺的树慢慢下降，最后猛地一闪，停落到选美会场的正中心，背对着所有的观众，展翅他的华丽，使选美大赛进入了高潮。

这是一只迷人的森林巨蜻，是热带雨林最珍稀的蜻族，由于族群数量非常稀少，很难遇见。他们翅上拥有半透明的金黄色斑，而身体是红色、褐色、黄色和金色的组合搭配，而色彩之间的衔接和过渡让所有的观众目瞪口呆。

▲ 神奇的森林巨蜻（*Camacinia harterti*）

"厉害啊，使出这招，恐怕无人能及了！"连经验丰富、学识渊博的大飞也自言自语地唠叨起来。

"简直不敢相信自己的眼睛，心跳加快，好激动！"斌仔再也不敢埋怨什么了。

"热带雨林果真是神奇的昆虫王国啊，我们不如定居在这里吧，哈哈哈！"

大头和斌仔就这样在选美大赛的各个赛场上欣赏着、学习着。他们也认识了很多新朋友，有些是当地的居民，也有些是远道来的使者，还有一些可能是特殊的人类朋友……

当大头和斌仔继续在这片迷人的山谷翱翔时，大头突然遇见了一个熟悉的身影。似乎是那个曾经在天堂岭遇见的青年人，没错，是他！他手持熟悉的照相机，正在山谷里寻找和观察蜻蜓，"清风徐来，水波不兴，顺流而上，海阔天空，人面桃花，倾国倾城，与我谈笑风生，那些可遇而不可求的事情……"仙乐飘荡在绿色的丛林里，不再年轻的青年继续执着地追寻着自己的蜻蜓梦！

蜻 蜓 飞 行 日 记

第 九 章

欣　　赏　　篇

▲ 黄翅蜻(*Brachythemis contaminata*)

蜻蜓选美大赛

　　在中国接近1000个蜻蜓成员中，要评选出名次来并不容易。选美大赛的通知一发布，各个蜻蜓家族都积极响应，它们各自施展不同的招数来争夺排名，也想为各自的家族争得荣耀。经过了选美大赛的层层选拔，最终筛选出蜻蜓王国最受关注、最有影响力的蜻蜓种类或家族，并将它们评选为中国的蜻蜓明星。此外，还特设了一些单项奖，借以表彰对蜻蜓国做出贡献的臣子们。当然评选的条件是十分苛刻的，除了身材、相貌，还包括家族血统、出身和在世界的地位等方面。这些明星代表了它们所在的家族，都有一些与众不同之处。有些是形态特殊，有些是体形巨大，有些更是中国蜻蜓的旗帜。它们都有哪些迷人的秘密，接下来就一一揭晓。揭晓的顺序是名次的由低到高。

TOP 10

丽翅蜻家族
Genus *Rhyothemis*

这些具有类似蝴蝶身段的蜻蜓具有非常绚丽的翅。任何一种丽翅蜻都可以在选美大赛中拔得头筹。丽翅蜻家族代表了蜻科最绚丽的色彩。它们翅上的色彩通常具有金属光泽，在阳光下可以发射出多种光泽，这些色素是结构色，也称物理色，是由光的波长引发。光波发生折射、漫反射、衍射或干涉从而产生各种不同的颜色。

中国目前已经发现了8种丽翅蜻，除了黑丽翅蜻可以在北方见到，其他种类都生活在南方。它们栖息于各种静水环境中，包括沼泽地、池塘、水稻田等，很多种类依赖森林，要到茂盛的热带雨林中寻找。

「蜻蜓小·教室」

蜻蜓的体色

蜻蜓的体色可以分为化学色和结构色。化学色也称色素色，是由生物体内细胞的色素产生，不具光泽。大多数蜻蜓的鲜艳体色都是化学色，比如红色、绿色、蓝色、黄色等。另一种体色来自结构色，也称物理色，是由于昆虫体壁上有极薄的蜡层、刻点、沟缝或鳞片等细微结构，使光波发生折射、漫反射、衍射或干涉而产生。蜻蜓身体上一些具有金属光泽的色彩均来自结构色，比如丽翅蜻的翅、大伪蜻身体的金属绿色等。

▲ 丽翅蜻家族的代表，曜丽翅蜻（*Rhyothemis plutonia*）

TOP 9

伟蜓家族
Genus *Anax*

  伟蜓一直受蜻蜓迷的青睐。它们广布全国，是在城市中可见的屈指可数的大型蜻蜓。中国已知的6种伟蜓中，除了华南地区分布的黄伟蜓，其他种类都拥有鲜艳的绿色身体和蓝色斑纹，十分吸引人。

  伟蜓的面部拥有非常发达的复眼，这使得它们可以在弱光条件下飞行。它们有在太阳下山以后集群捕食的习性。本故事的主人公大头，即是伟蜓家族的碧伟蜓。这是一种在中国分布非常广泛的种类，在城市的池塘、湖泊中也容易见到。黑纹伟蜓也是一种分布广泛的物种，但它们更喜欢植被比较茂盛的山区，也是目前伟蜓属已知可以在高原接近3000米高山上生活的唯一一种。在南方，最常见的一种伟蜓叫作斑伟蜓，它们比碧伟蜓更大更粗壮，适应力极强，在云南和海南它们全年都在飞行。东亚伟蜓和印度伟蜓非常稀有，仅在云南的边境地区可见。它们的族群在中国地区并不稳定，我们所记录到的很可能是迁移个体。

  华南地区的黄伟蜓，则是家族中看起来差异最大的一种。它们的身体是大面积的黄色和橙红色，也是蜻蜓爱好者眼中最神圣的一种蜻蜓。但可惜的是这种蜻蜓十分稀有，仅在我国广东、广西、福建、海南和香港可以见到，而且种群数量都很小。

  伟蜓属蜻蜓有连结产卵的习性，这在大型蜻蜓中十分罕见。

▲ 伟蜓家族的代表，斑伟蜓（*Anax guttatus*）

TOP 8

鼻蟌科成员
Chlorocyphidae

　　评委会经过细致地协商，最终决定将所有鼻蟌科的成员都作为中国的蜻蜓明星，即鼻蟌团体奖。鼻蟌是一类外形很特殊的蜻蜓，主要问题是它们的面部，怪就怪在它们有个突出的"鼻子"。这个鼻子是由于它们的唇基突起而形成，这在蜻蜓家族里是独一无二的。

　　中国目前有约20种鼻蟌，都集中分布在中国华南和西南地区。尤其是云南省，拥有非常丰富的鼻蟌种类。除了面部的特殊构造，很多鼻蟌的翅具有深色斑，大块的色斑中还有一些方形的透明区域，称为"翅窗"。这些翅窗和鲜艳的色彩只出现在雄性个体上，雌虫都比较暗淡。雄性鼻蟌，还拥有漂亮的足。它们的中足和后足上通常具有白色的条纹或者白色粉霜，在争斗和求偶中展示这些白色的腿。求偶行为在蜻蜓中很少见，仅在豆娘的少数几个家族发现，因此鼻蟌先生是少见的蜻蜓绅士。

▲ 鼻蟌家族的代表——黄脊圣鼻蟌（*Aristocypha fenestrella*）

TOP 7

侏红小蜻
Nannophya pygmaea

绿草丛中一点红，如果你在中国南方的小沼泽遇见了这样鲜艳的颜色，可别忽视了。因为这点红色可能是正在休息的雄性侏红小蜻。这是全世界最小的蜻蜓之一，却拥有非常鲜艳的红色身体。它们喜欢栖息在杂草丛中，雄性偏爱站立在枝头。雌虫也会栖息在离水不远的岸边。

蜻蜓身体的体色中，红色是比较常见一种色彩。但红色系又分成很多种，有血红色、粉红色、鲜红色等，侏红小蜻的体色绝对是纯粹的红色。那种色彩看过的人一定不会忘记，或许让人心生嫉妒。

侏红小蜻在中国南方诸多省份都有记录，但不常见，都隐藏在具有一定植被的林区，有些山区的废弃稻田也是它们喜欢的环境。

▲ 侏红小蜻（*Nannophya pygmaea*）

TOP 6

华艳色蟌
Neurobasis chinensis

华艳色蟌是中国最著名的蜻蜓之一，也是中国最早通过科学的方法记录的蜻蜓。早在1758年林奈发表的第10版《自然系统》的第1卷就收录了产自中国的这种豆娘，当时他命名为 *Libellula chinensis*。华艳色蟌也是全世界最早被命名的一种蜻蜓之一。这种美丽的豆娘在中国的分布十分靠南。它们喜欢热带气候，雄性后翅发射的艳丽的金属绿色使其成最受欢迎的豆娘之一。

在云南和海南的热带雨林中，华艳色蟌的数量非常庞大。它们是一类成功的蜻蜓，占据着大量清澈的森林小溪。雄虫和雌虫都停落在水上的大岩石或者岸边的水草上。它们喜欢晒太阳，雄性之间也会经常展开猛烈的争斗，如同水上漂浮的一片片绿色叶子。

▲ 华艳色蟌（*Neurobasis chinensis*）

TOP 5

金斑圆臀大蜓
Anotogaster klossi

　　大蜓科成员都是体形巨大的蜻蜓。在中国的大蜓中，金斑圆臀大蜓是体形最大的，其雌虫的体长可以超过11厘米，是当之无愧的昆虫巨人。

　　大蜓是一类非常凶猛的猎手，它们可以吃掉任何飞行的昆虫，包括碧伟蜓。金斑圆臀大蜓主要栖息在十分狭窄而浅的沟渠，雌虫以独特的插秧式产卵将卵埋在水下的泥沙中。它们在水里要度过漫长的幼年，有些寒冷区域可能要3~5年才能完成一个时代。老熟的雌性稚虫，体长可以超过6厘米，也是小溪中的霸王，它们可以轻易地吃掉小鱼小虾。

　　大蜓的面部具有极为锋利的口器，它们的上颚异常发达，可以轻易地咬穿我们的皮肤。

▲ 中国体形最巨大的蜻蜓，金斑圆臀大蜓（*Anotogaster klossi*）

TOP 4

裂唇蜓金翼家族
The golden winged chlorogomphids

翅上具色彩的大型蜻蜓一直是爱好者追捧的对象，而裂唇蜓科一直是中国蜻蜓中最耀眼的一种。裂唇蜓科为亚洲所独有，是一类具有优美体态、鲜艳色彩的大型蜻蜓。它们的近亲大蜓，虽然体形庞大，但不如裂唇蜓艳丽动人。裂唇蜓汇集了蜻蜓家族最闪光的优点，为全球的蜻蜓学家所关注，即使从事小型豆娘研究的蜻蜓学家，也都会偏爱这个蜻蜓贵族家庭。具有"金翼"的裂唇蜓又是裂唇蜓家族中的极品，它们完全属于热带种，都栖息于植被茂盛的热带雨林，对水质、植被的要求相当苛刻。目前裂唇蜓金翼家族仅局限分布在中国云南和广东，是一类非常稀有的蜻蜓。

中国目前已经发现有5种金翼裂唇蜓，这些具有金色翅的蜻蜓都是雌性个体，雄性则是透明的翅。这似乎和动物界的规律相反，因为雄性动物通常都比雌性更艳丽，以便吸引雌性。寻找裂唇蜓金翼家族并非易事，广东地区分布的金翼裂唇蜓，目前在南岭山脉和南昆山保护区一带出没，数量非常稀少。而其他几种，都在云南生活。遇见一只金翼型的雌虫远比遇见一只透翅型雄虫要困难许多。

▲ 裂唇蜓金翼家族的代表——戴维裂唇蜓（*Chlorogomphus daviesi*）

TOP 3

赤基色蟌
Archineura incarnata

　　这是全世界体形最大的色蟌，中国特有，也是色蟌中最具代表性的一种。从身材比例上看，它们拥有一个非常发达的胸部，头却非常小，腹部细而长。虽然脑袋小，赤基色蟌却是一种非常警觉的动物。它们的警惕性非常高，当人类离它们还有相当远的距离时，它们就会被惊醒而飞上树梢。

　　赤基色蟌是豆娘家族的王族，雄性个体在双翅的基部具有粉红色斑。而它们在云南地区还有一个表亲——霜基色蟌，雄性个体在双翅基方的色斑是霜白色。这些大豆娘都栖息在植被茂盛的森林小溪，比较喜欢开阔溪流。它们终日停落在大岩石上，喜欢沐浴在阳光中。如果找对环境，它们的数量比较庞大，只是想获得一张优质的生态照，可要花费不少时间。

▲ 赤基色蟌（*Archineura incarnata*）

TOP 2

丽拟丝螅
Pseudolestes mirabilis

中国海南特有种，体态十分特殊，俗称"凤凰"。这是一种体形较小的豆娘，其最显著的特征是后翅长度仅为前翅的3/4，雄虫的后翅具金色、银色和黑色斑。

这种豆娘广泛分布于海南岛茂盛森林中的林荫小溪，多栖息于光线较暗的区域。雄性在小溪边缘占据领地，通常停立于植物的叶片或折枝条顶端。雄性会展开激烈的争斗，面对面飞行，腹部末端翘起，后翅伸向下，有时会有3~4只雄虫参与争斗。在阴暗的环境下也很容易看到这一片片金色的叶子在飘动。

丽拟丝螅是中国闻名于世的蜻蜓，也是海南岛昆虫家族最得意的一面旗帜。目前它们在海南的生活状况良好，数量比较庞大。

▲ 海南岛的标志性物种——丽拟丝螅（*Pseudolestes mirabilis*）

TOP 1

蝴蝶裂唇蜓
Chlorogomphus papilio

　　大家应该猜到了，对，就是它，蜻蜓国的国王，拥有至高无上的王室血统，无可替代的贵族地位，还有它们庞大而色彩斑驳的身躯。蝴蝶裂唇蜓是一种巨型昆虫，它是中国翅展最大的蜻蜓，翅极其宽阔并具斑驳的色斑，似蝴蝶。蝴蝶裂唇蜓在中国的关注度远远高于其他任何种类，可谓蜻蜓中的"大熊猫"。

　　无论从体态、色彩，还是飞行姿态，它都颇具王者风范。蝴蝶裂唇蜓代表了整个裂唇蜓家族的显赫。裂唇蜓被认为是一类较古老蜻蜓类群，目前全世界已知3属50余种，但仍将有大量的新种被发现。它们体形大，身体黑褐色并具黄色条纹，头部正面观呈椭圆形，两复眼在头顶稍微分离，额高度隆起，腹部细长，翅宽阔，飞行能力强。许多种类的雌性的翅具有两种色型，一种是大面积透明，另一种则是染有大面积的黄色、橙色、黑色和白色斑纹。所有的裂唇蜓都是栖息于茂盛森林中的溪流。在海拔500~1500米的清澈山区溪流是它们比较偏爱的环境。这些溪流既可以是开阔的，暴露在太阳底下的，也可以是具有茂盛林荫的。雄性裂唇蜓具有显著的领域行为，一种是以低空慢速飞行来在领地巡逻，有时它们会非常接近水面，有时则距离水面有一定高度；一种是长距离巡逻，例如蝴蝶裂唇蜓可以沿着几千米的溪道巡逻。裂唇蜓的稚虫期较长，通常需要2年或者更长的时间才能发育成熟。未熟的成虫经常可见于峡谷和溪流上空翱翔。它们的飞行能力很强，可以在不扇动翅的情况下滑翔很长一段距离。

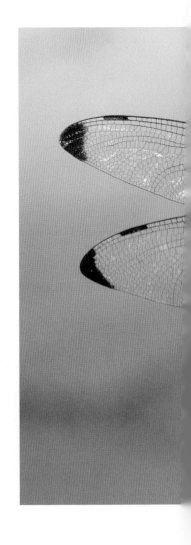

▲ 中国蜻蜓中的"大熊猫"——蝴蝶裂唇蜓(*Chlorogomphus papilio*)

▲ 交配中的长叶异痣蟌（*Ischnura elegans*）

蜻蜓选美大赛——单项奖揭晓

　　由于蜻蜓明星环节竞争的异常激烈，评委会特设了一些单项奖，用以鼓励蜻蜓和豆娘家族未成功获得蜻蜓明星殊荣的参赛者。每个单项奖都各由一位豆娘候选者和蜻蜓候选者获得。评委会本着公开、公平的原则，评选的方式除了专业评审组还设立了全民投票环节，大头也有幸成了评委会的成员，由于他见多识广，为评比提供了宝贵的意见。5个单项奖、10个获奖者分别是：

最上镜奖

豆娘家族：黑顶亮翅色蟌
Echo margarita

这是一种隐藏在热带雨林的豆娘，在中国仅在云南省德宏州西部的中缅边境可以见到，非常稀有。它们的体色有些灰暗，似乎在肉眼的观察下并不如其他具有鲜艳色彩的豆娘美丽，然而数码相机揭示了真正的谜底，它们并非暗淡无光，而是华丽无比。在高清的数码相片借助闪光灯的帮助以后，它们的迷人色彩尽显无遗。翅上泛着宝石般晶莹的蓝紫色，在阳光下尤其明显，耀眼夺目。然而这些豆娘都躲在茂盛的热带雨林中，绝对不敢暴露自己到太阳底下，因此是一种非常害羞的豆娘。

▲ 黑顶亮翅色蟌（*Echo margarita*）

蜻蜓家族：红腹异蜻
Aethriamanta brevipennis

　　这是红色蜻族的代表，一种具有鲜红色腹部的小型蜻科种类。它们完全是热带种类，在中国仅有在云南省西部边缘的中缅热带地区和西双版纳州的热带植物园可以见到。它们的身体线条简直萌呆了，眼睛大大的，腹部短粗，略有机器猫哆啦Ａ梦的感觉。红腹异蜻和黑顶亮翅色蟌的习性完全不同，它们喜欢暴露在太阳底下，即使是在中午最热的时候，也可以见到它们峭立在水草上，腹部向上翘起，姿态优美。对于蜻蜓爱好者来说，红腹异蜻无论从色彩还是体态上看绝对是极品，可惜它们在中国其他区域没有分布，只有在云南可以见到。香港曾经由于在南亚引进水生植物而将其引入香港，目前它们已经在香港定居，种群稳定。

▲ 红腹异蜻（*Aethriamanta brevipennis*）

最佳身材奖

豆娘家族：美子爱色蟌
Noguchiphaea yoshikoae

这个奖项肯定会被豆娘家族中的贵族所获得，没错，一定是色蟌家族的成员。在色蟌家族，有一种这样的豆娘，它们体态优美、腹部苗条、翅短而窄，而更为它们的胜出增加砝码的是停歇姿态。它们喜欢停落在小溪边缘的林荫中，腹部向上翘起，头部稍微朝下，似乎是要跳水的感觉。见过这种豆娘的人并不多，因为它们只能在云南的部分地区遇见，而它们的飞行期主要是在冬季，并非是春夏寻找和观察蜻蜓的最佳时节，容易错过。

▲ 美子爱色蟌（*Noguchiphaea yoshikoae*）

蜻蜓家族：长腹裂唇蜓
Chlorogomphus kitawakii

什么样的蜻蜓可以夺得最佳身材奖？如果是豆娘般比例的身段，或许有希望胜出。但是蜓族确实有这样的高端身材，是它——长腹裂唇蜓，一种被认为是身体比例失调的蜻蜓。它们拥有非常细长的腹部，犹如豆娘中的长腹扇螅，而翅相对较短较窄。这种蜻蜓体形非常庞大，雌虫的体长可以超过10厘米，是裂唇蜓家族唯一一种体长可以逾越10厘米的巨人。它们在中国的分布区域集中在华南地区，是我国特有的珍稀蜻蜓。在广东的南昆山山脉，它们的种族繁盛，在盛夏时节容易在茂盛森林中的清澈溪流观察到它们优美的舞姿。

▲ 长腹裂唇蜓（*Chlorogomphus kitawakii*）

最佳才智奖

豆娘家族：浩淼暗溪蟌
Dysphaea haomiao

可能细心的朋友发现了这种蜻蜓特殊的名字，没错，是以作者的名字命名的一种豆娘。或许它们身体均一的色彩也很容易辨认。浩淼暗溪蟌的雄虫通体黑色，没有多余的杂色，是一种纯粹的颜色。它们是很强壮的豆娘，也是飞行能手。这种暗溪蟌栖息在非常开阔的溪流和河流，应付这种空旷的环境，必须有特殊的才智才行。在这种环境下，黑色很容易暴露出来，因此它们是一种警惕性非常高的豆娘，很难在野外靠近它们，当人类闯进河流时，它们是最先逃跑的种类，而且会飞到非常高的枝头，直到危险结束，再回到领地。为了生存，暗溪蟌具有比同一栖息环境下更强的飞行能力和更加好战的性格，除了同种个体之间的激战，它们还驱逐闯进领地的其他豆娘，而它们总是能找到最佳的领地，霸占着水域。

▲ 浩淼暗溪蟌（*Dysphaea haomiao*）

蜻蜓家族：华斜痣蜻
Tramea virginia

　　雄性华斜痣蜻是一种非常聪明的动物。这可以从它们的产卵说起。在交尾结束以后，雄性和雌性是以连结的方式飞到合适的繁殖地产卵。雄性任务艰巨，它首先要选择一个合适的池塘，所以它要带着雌虫飞行一段距离。抵达合适的繁殖地点以后，雄性先要带着雌性环绕池塘飞行几个来回，一来是寻找合适的产卵地点，二来是检查池塘中有没有自己的竞争对手，即其他的华斜痣蜻雄性个体。如果这个池塘中有很多雄性华斜痣蜻，它会选择和雌虫一起完成产卵，即在雌虫产卵的瞬间，放开雌虫，然后让雌虫点水结束后，它立刻上前抱握住雌虫，它们再次连结，而它们分开的时间也不过几秒钟，因此其他雄性没有机会在这样短的瞬间夺走雌性。当池塘中没有其他同种雄性个体时，它则会选择另一种方式，即把雌虫放在某个隐蔽的角落，让雌虫产卵，而它守卫在雌虫附近飞行，它们不再保持连结姿态。这么小的昆虫有这么大的智慧，它们是怎么学会思考的？人类尚不知晓，但很多昆虫都被发现具有思考的能力。

▲ 华斜痣蜻（*Tramea virginia*）

最佳飞行员

豆娘家族也不乏强劲有力的飞行健将，别小瞧了这些豆娘，虽然它们的翅和蜻蜓比起来要逊色许多，但很多种类的飞行能力丝毫不逊色。当然此奖项的评判标准不仅仅局限于飞行能力，还要全面衡量各个方面，比如身体颜色等。最终豆娘家族有一种蜻蜓毫无悬念地胜出——红尾黑山螅。根据最新的分类系统，黑山螅家族已经被提升到一个独立的科，黑山螅科。这是一类大型而粗壮的豆娘，却拥有非常艳丽的色彩。红尾黑山螅的雄虫在成熟以后，整个身体几乎完全覆盖上浓浓的白色粉霜，但腹部第7~9节具有非常鲜艳的红色。雄性的红尾黑山螅是杰出的飞行家，它们可以非常快速地在河岸带的树林中穿梭，而且可以像蜓族一样，定点悬停飞行。这种豆娘主要分布在中国的华南地区，栖息在宽阔的溪流和河流，也是中国特有的标志性豆娘之一。

▲ 红尾黑山螅（*Philosina buchi*）

蜻蜓家族：褐面细腰蜓
Boyeria karubei

对于蜓族而言，这个奖项竞争异常激烈。因为蜓族的飞行家真是不计其数，比如山区的很多头蜓可以像子弹一样穿梭，而裂唇蜓可以在高空翱翔。但最终这个奖项颁发给了一种具有在非常弱光条件下的捕虫能手——褐面细腰蜓。单从身体的形态上看，褐面细腰蜓就非常与众不同。它的面部非常特殊，复眼的比例非常大，而面部非常窄，这样的面部有何作用？这是它们长期在黑暗活动的一种适应。细腰蜓有着特殊的生活方式，它们白天几乎不活动，即使在太阳下山以后，光线不足的黄昏，它们也不见踪影。只有在一个时间段它们非常地活跃，就是天几乎黑了的时候！这对其他蜻蜓来说是不可能飞行的，根本无法在这样的条件下看清楚，更别说捕食。然而细腰蜓展示了超高的本领，它们在已经几乎黑暗的条件下可以快速地飞行捕食。作者和几个蜻蜓爱好者朋友曾经在广东车八岭用这样的方式记录这些黄昏飞行的蜻蜓们。太阳落山，气温降低，蜓们开始活动。刚开始，是黑额蜓和佩蜓活动，它们出来捕食黄昏时低空飞行的小型昆虫。之后天色更暗一些，出现了长尾蜓，这时人类的视力已经略显逊色，我们观察飞行的长尾蜓已经很吃力。最后夜晚即将拉开序幕，大量的细腰蜓出现，这时人眼已经几乎看不到飞行的物体，我们点亮携带的充电照明灯，光线照射在水面上，我们看到在水面上快速捕食的细腰蜓，简直不可思议！有趣的是，为什么这些蜻蜓如此的惧怕阳光，而每天只选择这么短短的十几分钟活动？至今无定论。它们的生活史也就变得十分神秘，它们怎样交配都没有被观察到。在非常晴朗炎热的下午，我们可以在茂盛的树荫底下通过敲击树枝的方式惊醒躲在树林中避暑的细腰蜓。这些观察记录对于这种蜻蜓还远远不够，但这个最佳飞行员的称号非它莫属。

▲ 褐面细腰蜓（*Boyeria karubei*）

最佳潜质奖

豆娘家族：大溪螅
Philoganga vetusta

这种豆娘或许可以成下一届蜻蜓的明星，而且它们受到的关注度非常高。大溪螅是一种非常粗壮且巨大的豆娘，被认为是一个非常古老的类群。雄性大溪螅拥有金黄色的腹部，十分艳丽。它们喜欢植被茂盛的森林，在具有林荫的溪流可以找到它们。这些巨大的豆娘通常停在树干上，很少飞行。由于雌性大溪螅也在树干上产卵，因此它们不需要很靠近水面。产卵地点通常是水面上方悬挂的藤条，而且距离水面有一定的高度。作者曾在广东南岭自然保护区观察到大溪螅在悬崖上的树干上产卵，下方的水潭至少距离树干有20米。大溪螅属豆娘在中国有两种，它们分布比较广泛，在南方的山林里可以遇见。

▲ 大溪螅（*Philoganga vetusta*）

蜻蜓家族：折尾施春蜓
Sieboldius deflexus

　　这是一种春蜓家族的成员，在中国已知的230多种春蜓中，施春蜓是颇具特色的一类。由于春蜓家族体色单一，多为黑色和黄色搭配，不及其他蜻蜓种类艳丽，因此它们很难在比赛中获得一席之地。施春蜓是一类非常大型的春蜓，它们的胸部非常发达，腹部也很细长，但却有一个非常小的脑袋，看起来比例失调。别看施春蜓脑袋小，可是行动却非常敏捷，它们巨大的身体可以非常自如地飞行，也是春蜓中技术高超的飞行能手。此外，施春蜓拥有非常结实的足，使它们可以停落在树干上或者蹲在大岩石上。施春蜓的幼崽相貌更加特殊，薄如叶片，是一种拟态，它们或者躲在水中的枯叶堆里，或者钻进石缝下。雄性施春蜓有领域行为，最迷人的是它们停落在溪流中的大岩石上，这是无数蜻蜓粉丝梦寐以求的画面，然而想在野外抓拍到停在石头上的施春蜓并不容易。因为它们的数量很小，比较稀有，难以预见，即使遇见也未必能拍摄到，因为它们十分怕人，很容易受到惊吓。

▲ 折尾施春蜓（*Sieboldius deflexus*）

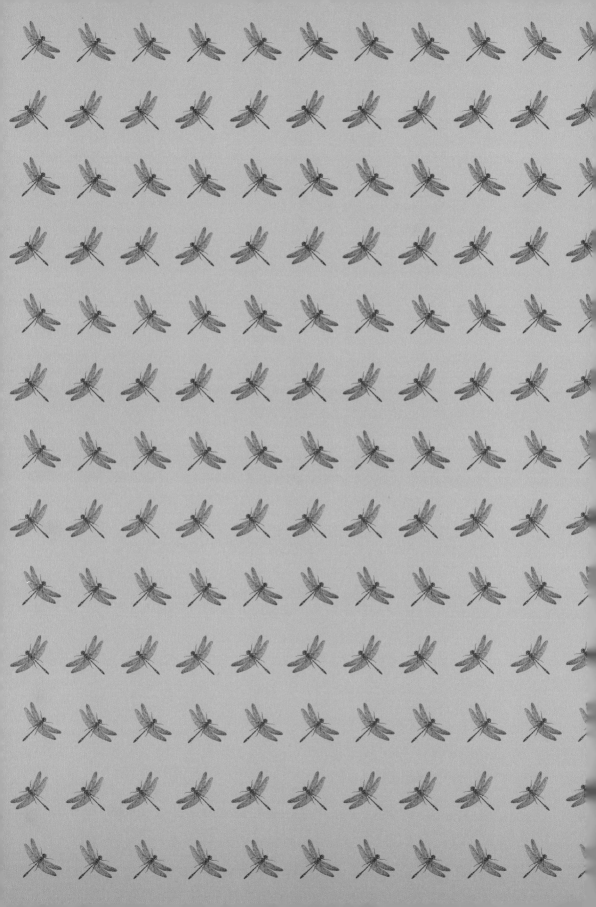